...y Kieffer

Conception et Intégration d'un mécanisme 5 barres

Fanny Kieffer

Conception et Intégration d'un mécanisme 5 barres

Éditions universitaires européennes

Impressum / Mentions légales
Bibliografische Information der Deutschen Nationalbibliothek: Die Deutsche Nationalbibliothek verzeichnet diese Publikation in der Deutschen Nationalbibliografie; detaillierte bibliografische Daten sind im Internet über http://dnb.d-nb.de abrufbar.
Alle in diesem Buch genannten Marken und Produktnamen unterliegen warenzeichen-, marken- oder patentrechtlichem Schutz bzw. sind Warenzeichen oder eingetragene Warenzeichen der jeweiligen Inhaber. Die Wiedergabe von Marken, Produktnamen, Gebrauchsnamen, Handelsnamen, Warenbezeichnungen u.s.w. in diesem Werk berechtigt auch ohne besondere Kennzeichnung nicht zu der Annahme, dass solche Namen im Sinne der Warenzeichen- und Markenschutzgesetzgebung als frei zu betrachten wären und daher von jedermann benutzt werden dürften.

Information bibliographique publiée par la Deutsche Nationalbibliothek: La Deutsche Nationalbibliothek inscrit cette publication à la Deutsche Nationalbibliografie; des données bibliographiques détaillées sont disponibles sur internet à l'adresse http://dnb.d-nb.de.
Toutes marques et noms de produits mentionnés dans ce livre demeurent sous la protection des marques, des marques déposées et des brevets, et sont des marques ou des marques déposées de leurs détenteurs respectifs. L'utilisation des marques, noms de produits, noms communs, noms commerciaux, descriptions de produits, etc, même sans qu'ils soient mentionnés de façon particulière dans ce livre ne signifie en aucune façon que ces noms peuvent être utilisés sans restriction à l'égard de la législation pour la protection des marques et des marques déposées et pourraient donc être utilisés par quiconque.

Coverbild / Photo de couverture: www.ingimage.com

Verlag / Editeur:
Éditions universitaires européennes
ist ein Imprint der / est une marque déposée de
OmniScriptum GmbH & Co. KG
Heinrich-Böcking-Str. 6-8, 66121 Saarbrücken, Deutschland / Allemagne
Email: info@editions-ue.com

Herstellung: siehe letzte Seite /
Impression: voir la dernière page
ISBN: 978-3-8417-4953-6

TABLE DES MATIERES

TABLE DES MATIERES 1

AVANT PROPOS 3

INTRODUCTION 4

CHAPITRE 1.   PRESENTATION DU ROBOT 5 BARRES 5

1.1.   Espace de travail et singularité...5

1.2.   Modèle de référence 7

1.3.   Problèmes géométriques et espaces de travail 7
  1.3.1.   Modèle géométrique inverse...7
  1.3.2.   Modèle géométrique direct..9

CHAPITRE 2.   CONCEPTION 10
        La conception du robot est basée sur les documents vus au chapitre précédent. La forme des pièces se base elle
        sur les pièces existantes au CTT pour une facilité d'usinage. 10

2.1.   Dimensionnement des roulements...10
  2.1.1.   Calcul des efforts dans les liaisons 10
  2.1.2.   Dimensionnement des roulements 15

2.2.   Modélisation sur CATIA V5 R20..17
  2.2.1.   Reprise des fichiers IGES sur les sites de PARVEX pour le moteur et NORCAN pour les profilés 90x90 et
  équerres 87x85 17
  2.2.2.   Modélisation du support 18
  2.2.3.   Modélisation des bras 23
  •   Profilés 30x30...23
  •   Embout « fixe » ou « de jonction » 23
  •   Embouts roulements 24
  •   Arbre roulement 24
  •   Couvercle embout roulement 25
  •   Assemblage des différents bras 25
  2.2.4.   Assemblage final du robot 26

CHAPITRE 3.   PROGRAMMATION 27
        La dernière étape de ce projet a été la programmation du système. Celle-ci a consisté à programmer le MGI,
        Modèle Géométrique Inverse, pour permettre le mouvement du robot..27

3.1.   Programmation et simulation sur le logiciel MATLAB 27

3.2.   Programmation et simulation sur le logiciel MSC ADAMS 28

3.3.   Programmation et simulation sur le logiciel CIDE...32
  3.3.1.   MGI_5barres.c 33
  3.3.2.   main.c 33
  3.3.3.   Simulation...35

1

CONCLUSION..37

ANNEXES 38

BIBLIOGRAPHIE 59

AVANT PROPOS

Je souhaite remercier les personnes suivantes ayant contribué au bon déroulement et au développement de ce projet :

- Nicolas Bouton, mon tuteur, qui m'a guidé tout au long du projet
- Nicolas Blanchard, responsable du CTT, qui m'a conseillé sur l'usinabilité des pièces

Ainsi que Vincent Gagnol qui m'a apporté quelques conseils.

INTRODUCTION

L'objectif de mon stage de fin d'étude était de concevoir un mécanisme 5 barres afin d'étudier, par le biais d'un démonstrateur, les singularités parallèles et sérielles propres aux robots parallèles (zone difficilement contrôlable du robot) sur un cas d'étude simple.

Tout d'abord, il a fallu concevoir le robot : à partir de documents, de pièces simples ou déjà existantes comme les moteurs ou profilés, et portant une attention particulière aux liaisons à dimensionner correctement. La conception sera faite à l'aide du logiciel CATIA V5.

Ensuite, l'intégration du robot dans le CTT doit se faire à l'aide d'une architecture de commande de type ADEPT. Celle-ci doit permettre la réalisation de trajectoire à partir du modèle géométrique du robot qu'il faut calculer et vérifier avant de pouvoir le programmer sur le système réel. Dans cette partie, je vais pouvoir utiliser différents logiciels qui vont me permettre de programmer ce MGI, comme MATLAB et ADAMS.

CHAPITRE 1. PRESENTATION DU ROBOT 5 BARRES

1.1. Espace de travail et singularité

Il est connu que l'espace de travail d'un robot parallèle est généralement plus petit qu'un robot série de même taille et contient des singularités. Il y a un besoin dans l'industrie de robots capable d'utiliser de façon optimale l'espace de travail limité qui caractérise les robots parallèles.

La plupart des robots parallèles ont deux types de singularités : les singularités séries dans lesquelles l'effecteur perd un ou plusieurs degrés de liberté et les singularités parallèles où l'on ne peut pas appliquer de force ou de moment à l'effecteur. L'une des approches conventionnelles de l'industrie est d'optimiser la conception des robots pour enlever les singularités parallèles.

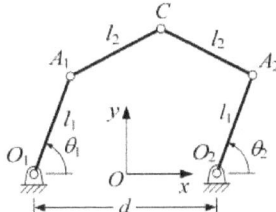

Fig. 1. Schematics of a 2-DOF RRRRR planar parallel robot.

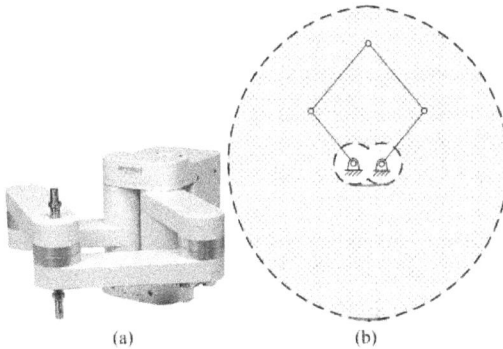

(a)   (b)

Fig. 2. (a) RP-5AH industrial robot (courtesy of Mitsubishi Electric) and (b) its optimized theoretical singularity-free workspace (the hatched area) as part of its complete workspace.

Un robot parallèle 5 barres a déjà été commercialisé par Mitsubishi Electric (Fig2). Ce robot est quasiment un double robot SCARA et offre un meilleur temps de cycle et une meilleure précision qu'un robot SCARA conventionnel. L'image ci-dessous (Fig 2a) montre l'image 3D du robot RP-5AH dont les dimensions sont :

$$d = 85 \text{ mm}$$

$$l1 = 200 \text{ mm}$$

$$l2 = 260 \text{ mm}$$

d, l1 et l2 sont définis dans le schéma (Fig 1)

L'image Fig 2b montre l'espace de travail théorique de ce robot (excluant les interférences mécaniques). Les singularités séries sont représentées par les lignes pointillées noires et les singularités parallèles par les traits rouges. On peut voir que l'espace de travail est bien optimisé car ces deuxièmes singularités sont limitées. Cependant, l'espace de travail utilisable du RP-5AH est plus petit à cause des interférences mécaniques.

En théorie, pour ce type de robot (les robots 5 barres), le design avec lequel on a le plus large espace de travail sans singularité es celui où les 4 barres mobiles sont de même longueur (l1 = l2 = l) et où les axes moteurs coïncident (d = 0). Pour ce robot, l'espace théorique de travail serait un disque de rayon 2l. Cependant, il ne peut pas être construit.

Pour trouver le design optimal réalisable, il faut donc trouver la valeur de d par rapport à la valeur de l (l1 = l2 = l):

- plus d est petit, plus l'espace de travail est grand

- si d<l, alors il n'est pas possible de passer entre les moteurs, cela donne des interférences mécaniques.

6

1.2. Modèle de référence

Pour construire le robot, on s'est basé sur un modèle de référence qui est un modèle protégé.

Les valeurs de l et d du robot en question sont :

l = 230 mm

d = 275 mm

Ce robot a la capacité d'effectuer toutes les rotations sans interférences mécaniques.

Pour faciliter notre travail, on reprendra pour notre robot ces mêmes valeurs.

1.3. Problèmes géométriques et espaces de travail

Un mécanisme 5R parallèle plan (Fig 1a) est un mécanisme dont l'effecteur est connecté à la base par deux jambes constituées chacune de trois liaisons pivots et deux barres.

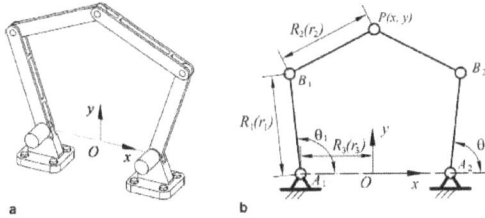

Fig. 1. The planar 5R parallel mechanism.

Le modèle géométrique est montré Fig 1b.

Pour la symétrie de la structure, on a $OA_1 = OA_2$, $A_1B_1 = A_2B_2$ et $B_1P = B_2P$.

On note également : $A_iB_i = R_1(r_1)$, $B_iP = R_2(r_2)$ et $OA_i = R_3(r_3)$

1.3.1. Modèle géométrique inverse

Le modèle géométrique inverse permet d'obtenir, en connaissant la position de l'effecteur, les valeurs des angles en entrée.

La position de l'effecteur P dans le système de référence O-xy est décrite par le vecteur position :

$p = (x \ y)^T$

7

Les vecteurs positions des points B_i sont :

$$b_1 = (r_1\cos\theta_1 - r_3 \quad r_1\sin\theta_1)^T$$

$$b_2 = (r_1\cos\theta_2 + r_3 \quad r_1\sin\theta_2)^T$$

On peut résoudre ce modèle géométrique inverse par le système d'équations :

$$(x - r_1\cos\theta_1 + r_3)^2 + (y - r_1\sin\theta_1)^2 = r_2{}^2$$

$$(x - r_1\cos\theta_2 - r_3)^2 + (y - r_1\sin\theta_2)^2 = r_2{}^2$$

Avec ces équations et avec la position de P connue, on obtient les angles θ_i par :

$$\theta_i = 2\tan^{-1}(z_i)$$

Où
$$z_i = \frac{-b_i + \sigma_i\sqrt{b_i^2 - 4a_ic_i}}{2a_i}, \quad i = 1,2$$

Et
$$\sigma_i = 1 \text{ or } -1$$
$$a_1 = r_1^2 + y^2 + (x + r_3)^2 - r_2^2 + 2(x + r_3)r_1$$
$$b_1 = -4yr_1$$
$$c_1 = r_1^2 + y^2 + (x + r_3)^2 - r_2^2 - 2(x + r_3)r_1$$
$$a_2 = r_1^2 + y^2 + (x - r_3)^2 - r_2^2 + 2(x - r_3)r_1$$
$$b_2 = b_1 = -4yr_1$$
$$c_2 = r_1^2 + y^2 + (x - r_3)^2 - r_2^2 - 2(x - r_3)r_1$$

On obtient donc quatre solutions pour le modèle géométrique inverse (Fig 2).

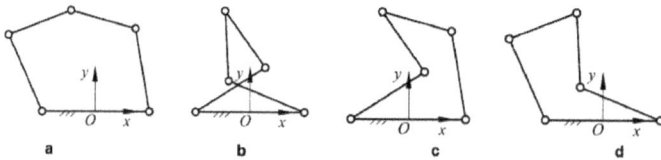

Fig. 2. The four inverse kinematic models: (a) "+ − " model; (b) "− +" model; (c) "− −" model and (d) "++" model.

1.3.2. Modèle géométrique direct

Le modèle géométrique direct permet d'obtenir la position de l'effecteur en fonction des données d'entrée.

A partir des équations :

$$(x - r_1\cos \theta_1 + r_3)^2 + (y - r_1\sin \theta_1)^2 = r_2{}^2$$

$$(x - r_1\cos \theta_2 - r_3)^2 + (y - r_1\sin \theta_2)^2 = r_2{}^2$$

on obtient :

$$x^2 + y^2 - 2(r_1\cos \theta_1 - r_3)x - 2r_1\sin \theta_1\, y - r_1\, r_3\cos \theta_1 + r_3{}^2 + r_1{}^2 + r_2{}^2 = 0$$

$$x^2 + y^2 - 2(r_1\cos \theta_2 + r_3)x - 2r_1\sin \theta_2\, y - r_1\, r_3\cos \theta_2 + r_3{}^2 + r_1{}^2 + r_2{}^2 = 0$$

En soustrayant ces équations, on a : $x = ey + f$

avec $\quad e = \dfrac{r_1(\sin \theta_1 - \sin \theta_2)}{2r_3 + r_1\cos \theta_2 - r_1\cos \theta_1} \qquad f = \dfrac{r_1 r_3(\cos \theta_2 + \cos \theta_1)}{2r_3 + r_1\cos \theta_2 - r_1\cos \theta_1}$

Si on insère $x = ey + f$ dans la première équation, on obtient : $dy^2 + gy + h = 0$

avec $\quad d = 1 + e^2$

$$g = 2(ef - er_1\cos \theta_1 + er_3 - r_1\sin \theta_1)$$

$$h = f^2 - 2f(r_1\cos \theta_1 - r_3) - 2r_1 r_3\cos \theta_1 + r_3^2 + r_1^2 - r_2^2$$

d'où : $\quad y = \dfrac{-g + \sigma\sqrt{g^2 - 4dh}}{2d}$

Ce qui nous donne pour le modèle géométrique direct 2 solutions.

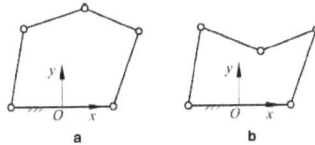

Fig. 3. The two forward kinematic models: (a) the up-configuration and (b) the down-configuration.

CHAPITRE 2. CONCEPTION

La conception du robot est basée sur les documents vus au chapitre précédent. La forme des pièces se base elle sur les pièces existantes au CTT pour une facilité d'usinage.

2.1. Dimensionnement des roulements

Avant de pouvoir passer à la conception sur le logiciel CATIA, il faut dimensionner les roulements des liaisons pivots.

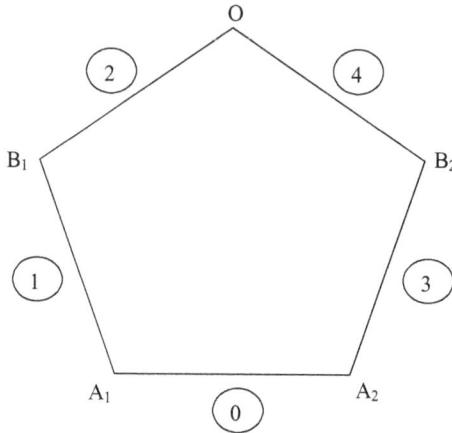

2.1.1. Calcul des efforts dans les liaisons

Système plan.
Bilan des forces en chaque point :

- En A_1 : $\mathcal{T}\ 0{\rightarrow}1$ $\left\{ \begin{array}{cc} X_{A1} & 0 \\ Y_{A1} & 0 \\ 0 & C_1 \end{array} \right\}$

- En A_2 : $\mathcal{T}\ 0{\rightarrow}3$ $\left\{ \begin{array}{cc} X_{A2} & 0 \\ Y_{A2} & 0 \\ 0 & C_2 \end{array} \right\}$

10

- En B_1 : $\quad \mathscr{T}\ 2\rightarrow1 \begin{Bmatrix} X_{B1} & 0 \\ Y_{B1} & 0 \\ 0 & 0 \end{Bmatrix}$

- En B_2 : $\quad \mathscr{T}\ 4\rightarrow3 \begin{Bmatrix} X_{B2} & 0 \\ Y_{B2} & 0 \\ 0 & 0 \end{Bmatrix}$

- En O : $\quad \mathscr{T}\ 4\rightarrow2 \begin{Bmatrix} X_0 & 0 \\ Y_0 & 0 \\ 0 & 0 \end{Bmatrix}$

Système isolé ①

Bilan des forces : $\quad \mathscr{T}\ 0\rightarrow1 \begin{Bmatrix} X_{A1} & 0 \\ Y_{A1} & 0 \\ 0 & C_1 \end{Bmatrix}$

$$\mathscr{T}\ 2\rightarrow1 \begin{Bmatrix} X_{B1} & 0 \\ Y_{B1} & 0 \\ 0 & 0 \end{Bmatrix}$$

Déplacement de $\mathscr{T}2\rightarrow1$ en A_1 :
$$\mathscr{M}_{A1}(\mathscr{T}2) = \mathscr{M}_{B1}(\mathscr{T}2\rightarrow1) + A_1B_1 \wedge R_2$$

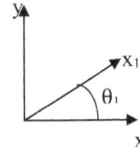

$A_1B_1 = 1.\ x_1 = 1\ (\cos(\theta_1).x + \sin(\theta_1).y)$

$$\mathscr{T}\ 2\rightarrow1 \begin{Bmatrix} X_{B1} & 0 \\ Y_{B1} & 0 \\ 0 & 1\,(Y_{B1}.\cos(\theta_1) - X_{B1}.\sin(\theta_1)) \end{Bmatrix}$$

PFS:
$$\begin{cases} X_{A1} + X_{B1} = 0 \\ Y_{A1} + Y_{B1} = 0 \\ C_1 + 1\,(Y_{B1}.\cos(\theta_1) - X_{B1}.\sin(\theta_1)) = 0 \end{cases}$$

Bilan des forces : $\mathscr{T}\ 1{\to}2$ $\begin{Bmatrix} -X_{B1} & 0 \\ -Y_{B1} & 0 \\ 0 & 0 \end{Bmatrix}$

$\mathscr{T}\ 4{\to}2$ $\begin{Bmatrix} X_0 & 0 \\ Y_0 & 0 \\ 0 & 0 \end{Bmatrix}$

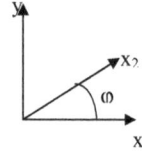

Déplacement de $\mathscr{T}1{\to}2$ en O :

$\mathscr{M}_O(\mathscr{T}1{\to}2) = \mathscr{M}_{B1}(\mathscr{T}1{\to}2) + OB_1 \wedge R_2$

$OB_1 = -l.\ x_2 = -l\ (\cos(\varphi_1).x + \sin(\varphi_1).y)$

$\mathscr{T}\ 1{\to}2$ $\begin{Bmatrix} -X_{B1} & 0 \\ -Y_{B1} & 0 \\ 0 & -l\ (Y_{B1}.\cos(\varphi_1) - X_{B1}.\sin(\varphi_1)) \end{Bmatrix}$

PFS:

$\begin{cases} X_O - X_{B1} = 0 \\ Y_O - Y_{B1} = 0 \\ l\ (Y_{B1}.\cos(\varphi_1) - X_{B1}.\sin(\varphi_1)) = 0 \end{cases}$

Bilan des forces : $\mathscr{T}\ 0{\to}3$ $\begin{Bmatrix} X_{A2} & 0 \\ Y_{A2} & 0 \\ 0 & C_2 \end{Bmatrix}$

$\mathscr{T}\ 4{\to}3$ $\begin{Bmatrix} X_{B2} & 0 \\ Y_{B2} & 0 \\ 0 & 0 \end{Bmatrix}$

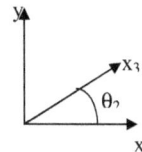

Déplacement de $\mathscr{T}4{\to}3$ en A_2 :

$\mathscr{M}_{A2}(\mathscr{T}4{\to}3) = \mathscr{M}_{B2}(\mathscr{T}4{\to}3) + A_2B_2 \wedge R_4$

$A_2B_2 = 1. \; x_3 = 1\,(\cos(\theta_2).x + \sin(\theta_2).y)$

$$\mathcal{T}\,4{\to}3 = \left\{ \begin{array}{ll} X_{B2} & 0 \\ Y_{B2} & 0 \\ 0 & 1\,(Y_{B2}.\cos(\theta_2) - X_{B2}.\sin(\theta_2)) \end{array} \right\}$$

PFS:

$$\left\{ \begin{array}{l} X_{A2} + X_{B2} = 0 \\ Y_{A2} + Y_{B2} = 0 \\ C_2 + 1\,(Y_{B2}.\cos(\theta_2) - X_{B2}.\sin(\theta_2)) = 0 \end{array} \right.$$

Système isolé   ④

Bilan des forces : $\mathcal{T}\,3{\to}4 \left\{ \begin{array}{ll} -X_{B2} & 0 \\ -Y_{B2} & 0 \\ 0 & 0 \end{array} \right\}$

$$\mathcal{T}\,2{\to}4 \left\{ \begin{array}{ll} -X_0 & 0 \\ -Y_0 & 0 \\ 0 & 0 \end{array} \right\}$$

Déplacement de $\mathcal{T}3{\to}4$ en O :

$\mathcal{M}_O(\mathcal{T}3{\to}4) = \mathcal{M}_O(\mathcal{T}\,3{\to}4) + OB_2 \wedge R_4$

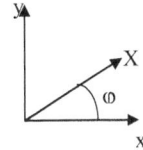

$OB_2 = 1. \; x_4 = 1\,(\cos(\varphi_2).x + \sin(\varphi_2).y)$

$$\mathcal{T}\,3{\to}4 = \left\{ \begin{array}{ll} -X_{B2} & 0 \\ -Y_{B2} & 0 \\ 0 & -1\,(Y_{B2}.\cos(\varphi_2) - X_{B2}.\sin(\varphi_2)) \end{array} \right\}$$

PFS:

$$\left\{ \begin{array}{l} X_O + X_{B2} = 0 \\ Y_O + Y_{B2} = 0 \\ -1\,(Y_{B2}.\cos(\varphi_2) - X_{B2}.\sin(\varphi_2)) = 0 \end{array} \right.$$

Récapitulatif des équations :

$$\begin{cases} X_{B1} = X_O \\ Y_{B1} = Y_O \\ X_{B2} = -X_{B1} = -X_O \\ Y_{B2} = -Y_{B1} = -Y_O \\ X_{A1} = -X_{B1} = X_{B2} \\ Y_{A1} = -Y_{B1} = Y_{B2} \\ X_{A2} = X_{B1} = -X_{B2} \\ Y_{A2} = Y_{B1} = -Y_{B2} \end{cases}$$

Et:

$$\begin{cases} C_1 + l \cdot Y_{B1} \cdot \cos(\theta_1) - l \cdot X_{B1} \cdot \sin(\theta_1) = 0 \quad\quad [1] \\ Y_{B1} \cdot \cos(\varphi_1) = X_{B1} \cdot \sin(\varphi_1) \\ C_2 + l \cdot Y_{B2} \cdot \cos(\theta_2) - l \cdot X_{B2} \cdot \sin(\theta_2) = 0 \quad\quad [2] \\ Y_{B2} \cdot \cos(\varphi_2) = X_{B2} \cdot \sin(\varphi_2) \end{cases}$$

Or : $Y_{B1} = -Y_{B2}$ et $X_{B1} = -X_{B2}$ donc $\quad \tan(\varphi_1) = \tan(\varphi_2)$

donc $\quad \varphi_1 = \varphi_2 \pm \pi$

On se place dans la situation suivante :

$\varphi_1 = \pi$

$\varphi_2 = 0$

$\theta_1 = 110°$

$\theta_2 = 70°$

$C_1 = 150$ Nm

$l = 0.23$ m

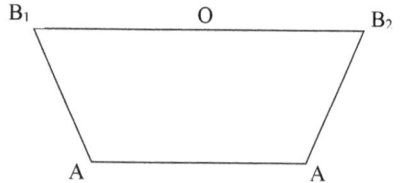

Dans ce cas, on a : $\cos(70) = -\cos(110)$ $\quad\quad \tan(70) = -\tan(110)$

$\sin(70) = \sin(110)$

Soit : $\quad \tan(\theta_2) = -\tan(\theta_1) \quad\quad$ et $\quad \begin{cases} \cos(\theta_2) = -\cos(\theta_1) \quad\quad [3] \\ \sin(\theta_2) = \sin(\theta_1) \end{cases}$

Par conséquent, avec [3], l'équation [2] devient :

$C_2 - l \cdot Y_{B2} \cdot \cos(\theta_1) - l \cdot X_{B2} \cdot \sin(\theta_1) = 0$

Or $\quad \begin{cases} X_{B2} = -X_{B1} \\ Y_{B2} = -Y_{B1} \end{cases}$

d'où $\quad \begin{cases} C_2 - l \cdot Y_{B1} \cdot \cos(\theta_1) - l \cdot X_{B1} \cdot \sin(\theta_1) = 0 \quad\quad [2] \\ C_1 + l \cdot Y_{B1} \cdot \cos(\theta_1) - l \cdot X_{B1} \cdot \sin(\theta_1) = 0 \quad\quad [1] \end{cases}$

14

Avec $\quad C_1 = -C_2$

$[1] + [2] \rightarrow \quad \mathbf{Y_{B1} = 0}$

$[1] - [2] \rightarrow \quad -2C_1 + 2l \cdot X_{B1} \cdot \sin(\quad) = 0$

$\qquad\qquad X_{B1} = C_1 / (l \cdot \sin(\quad))$

$\qquad\qquad \mathbf{X_{B1} \approx 694.03N}$

2.1.2. Dimensionnement des roulements

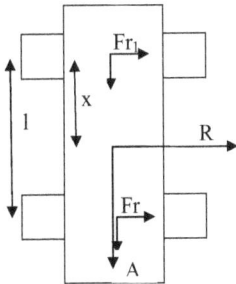

On émet l'hypothèse que $x = 1/2$

On a $R = 700$ N et $A \approx 10$ N

$Fr_1 = R * (1 - x) / 1 = R / 2$

$Fr_2 = R * x / 1 = R / 2$

$Fr_1 = Fr_2 = 350$ N

Pour le calcul du dimensionnement des roulements, j'ai pris par défaut le roulement 7200 BECBP de SKF :

$\quad C_0 = 3.35$ kN

$\quad C = 7.02$ kN

$\quad e = 1.14$

Roulements à billes à contact oblique, à une rangée

Tolérances , voir aussi le texte
Jeu interne axial, a), b), préchange, voir aussi le texte
Ajustements recommandés
Tolérances d'arbre et de logement

Dimensions d'encombrement			Charges de base		Limite de fatigue	Vitesses de base		Masse	Désignation
			dynamique	statique		Vitesse de référence	Vitesse limite		
d	D	B	C	C₀	Pᵤ				
mm			kN		kN	tr/min		kg	
10	30	9	7.02	3.35	0,14	30000	30000	0,03	7200 BECBP

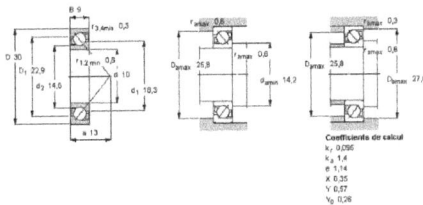

15

Fa / C_0 proche de 0 car Fa négligeable devant C_0

Fa / Fr $\leq$ e
Donc P = Fr

En utilisant l'aide au calcul du site de SKF, on a pour Fa = 0.367 : L $\approx$ 8070Mtr
D'où C_{mini} = P * $L^{1/3}$ = 7 kN $\leq$ 7.02 kN

Pour vérification, avec P = Fr et C = 7.02 kN
L = $(C\ /P)^k$ = $(7020/350)^3$ = 8022 Mtr

Ce roulement correspond donc bien pour les besoins de nos liaisons pivots.

Pour le montage des roulements, on privilégie le montage en « O » afin d'éloigner les centre de poussées des efforts et ainsi rigidifier le système.
Montage sur l'arbre : épaulement et écrou pour annuler le jeu
Montage dans l'alésage : épaulement intérieur

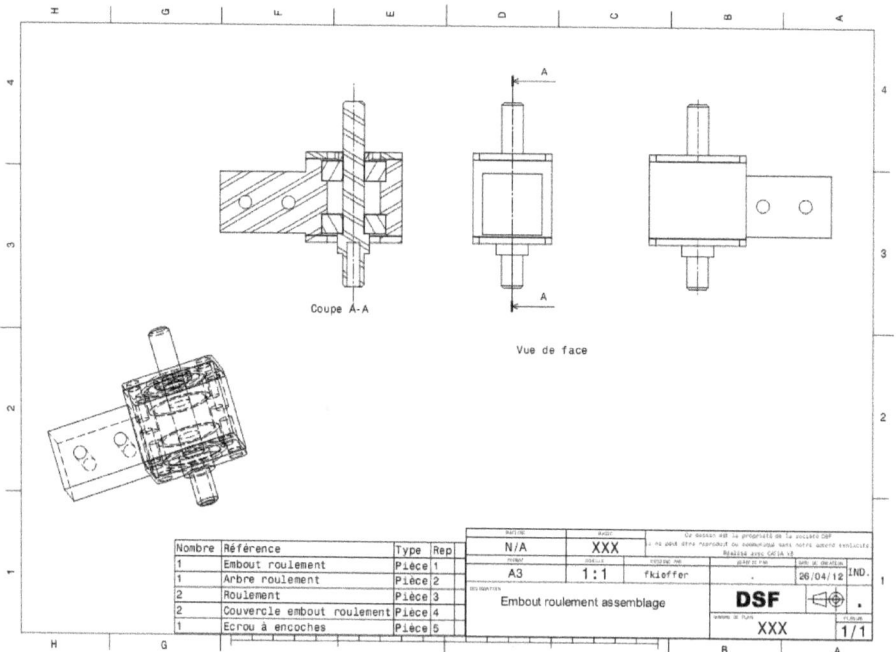

Coupe A-A

Vue de face

Nombre	Référence	Type	Rep
1	Embout roulement	Pièce	1
1	Arbre roulement	Pièce	2
2	Roulement	Pièce	3
2	Couvercle embout roulement	Pièce	4
1	Ecrou à encoches	Pièce	5

Embout roulement assemblage

A3 1:1 fkieffer 26/04/12

DSF

XXX 1/1

2.2. Modélisation sur CATIA V5 R20

2.2.1. Reprise des fichiers IGES sur les sites de PARVEX pour le moteur et NORCAN pour les profilés 90x90 et équerres 87x85

Certaines pièces standards existent déjà sous forme modélisée et sont proposées par les constructeurs. C'est le cas ici pour le moteur PARVEX, pièce assez complexe que je n'aurai modélisé que sommairement si je ne l'avais pas trouvé toute faite, ou pour les pièces NORCAN, profilé et équerre.

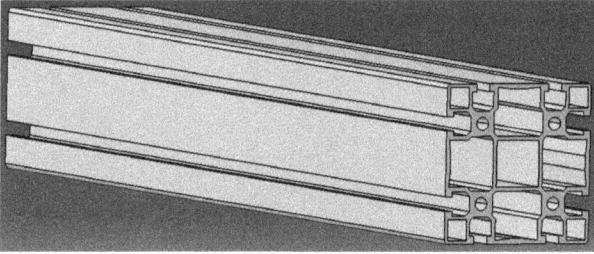

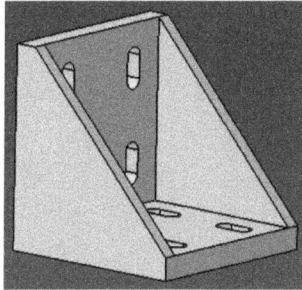

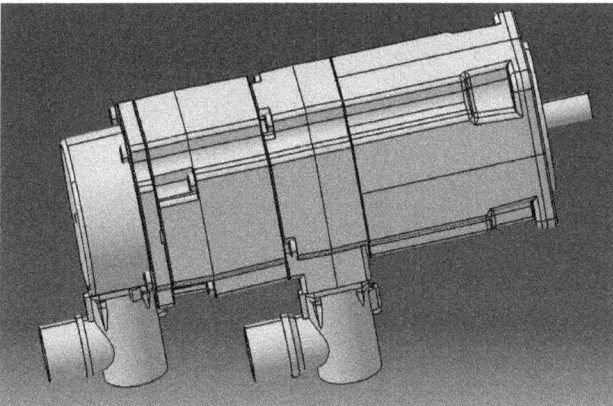

2.2.2. Modélisation du support

- Réducteur des moteurs

Pour la modélisation du réducteur, je me suis basée sur ceux qui sont utilisés sur les moteurs PARVEX. Je ne l'ai pas modélisé avec exactitude car ce n'est pas une pièce qui doit être usinée, le principal était que la modélisation du réducteur s'adapte correctement à la modélisation du moteur et que l'arbre de sortie et l'épaulement extérieur corresponde à la réalité afin que la pièce à assembler dessus ait les bonnes cotations.

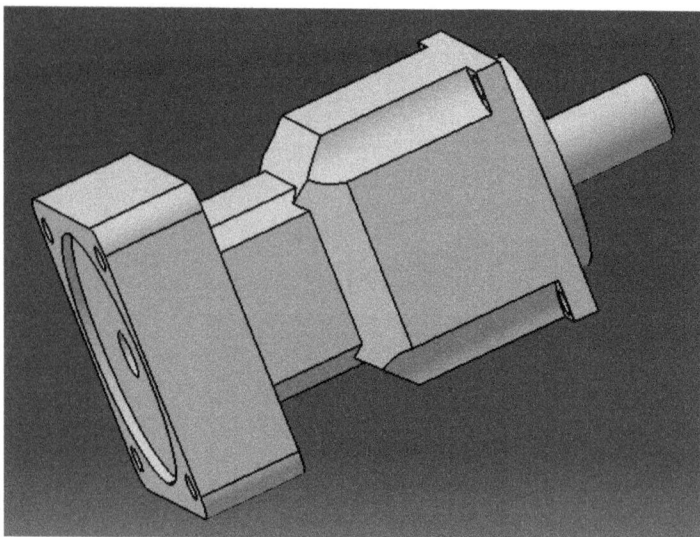

- Assemblage motoréducteur

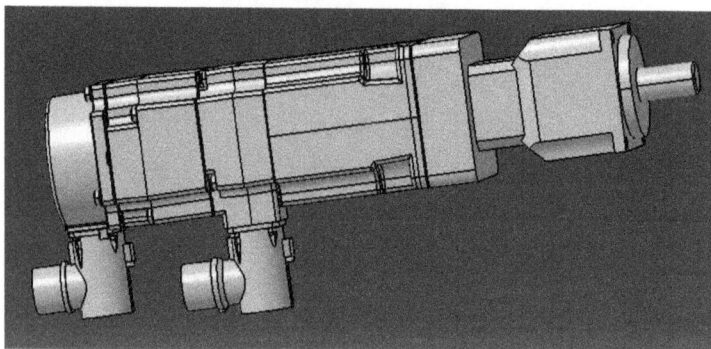

- Support inférieur et supérieur des moteurs

Les moteurs sont fixés verticalement par rapport au robot car ils entrainent les bras en rotation. Il a donc fallu créer des supports pour les fixer aux profilés alu NORCAN. Comme pour beaucoup de pièces, je me suis inspirée de pièces déjà existante sur un autre robot afin de faciliter l'usinage. Pour ces deux pièces, j'ai quasiment repris à l'identique les pièces existantes car les moteurs étaient positionnés de la même façon que celle que j'ai imaginé pour le 5-barres.

Le moteur n'est pas fixé au support inférieur. Celui-ci sert en effet de maintien en position verticale du moteur. La seule difficulté de modélisation de cette pièce est le placement de l'arc de cercle ; action rendue plus facile par les mesures faites sur les pièces existantes.

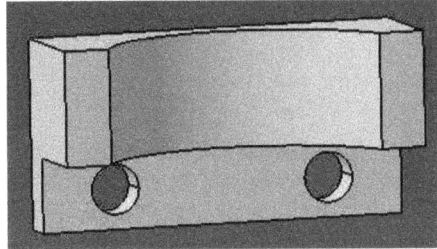

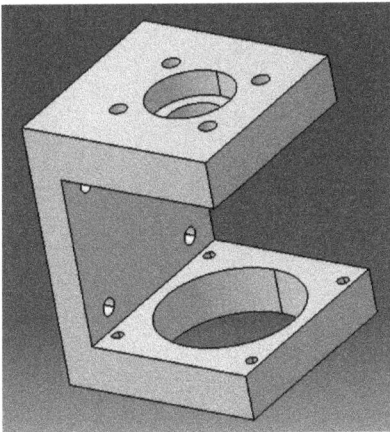

Le support supérieur est une pièce plus compliquée car elle sert de jonction entre le moteur et le reste du robot. Elle est donc conçue de façon à être fixée d'un coté au motoréducteur et de l'autre à la plaque au-dessus de laquelle se déplaceront les bras du robot.

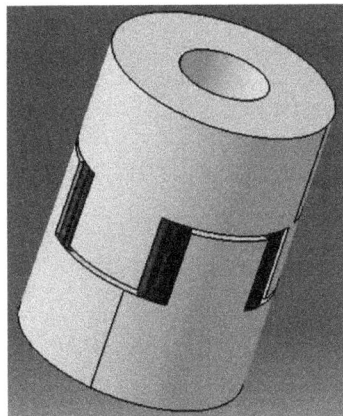

De plus, la pièce doit contenir :
- un accouplement élastique pour rigidifier les liaisons pivots en sorti des moteurs. L'évidement rectangulaire intérieur sert pour l'accouplement élastique et les arbres.

19

- un roulement qui sert à la fois à assurer la liaison entre le support et l'arbre de sortie et à éviter le porte-à-faux. Le roulement se place dans l'évidement cylindrique supérieur de la pièce.

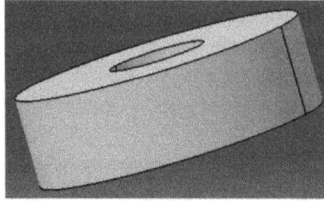

- Accouplement élastique

L'accouplement élastique n'est pas une pièce à usiner. Je l'ai donc modélisé selon les pièces réelles utilisées pour l'assemblage final. L'accouplement élastique est constitué de deux pièces différentes, les parties supérieures et inférieures en aluminium étant semblable.

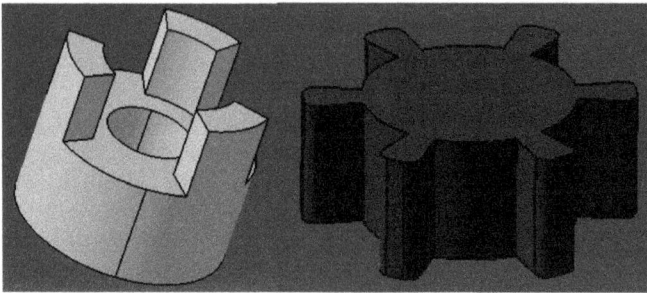

- Arbre moteur

L'arbre moteur se place juste après l'accouplement élastique, il sert à transmettre le mouvement de rotation donné par le moteur aux barres du robot.
L'épaulement sert à bloquer d'un côté la bague intérieure du roulement dans le support supérieur du moteur et de l'autre l'extrémité de la première barre. Le maintien en position de cette barre est effectué par une vis à l'extrémité de l'arbre.

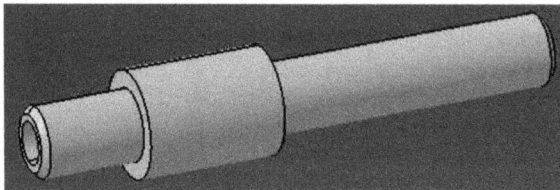

- Plaque

Cette plaque a une utilité esthétique. Elle sert à séparer le support et les moteurs des barres du robot. Les différents trous servent à fixer la plaque aux profilés et au support supérieur des moteurs. Les deux trous avec un diamètre plus large permettent le passage des arbres de sortie moteur.

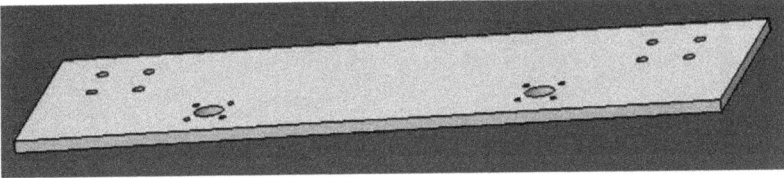

- Assemblage pilier moteur

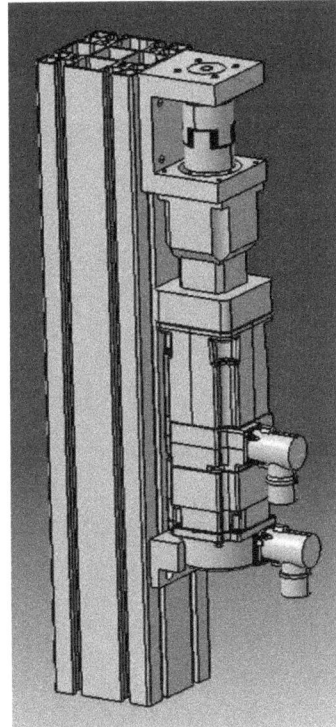

Ci-contre, on a l'ensemble pilier moteur qui est constitué des pièces présentées précédemment. Comme je l'ai déjà expliqué, le motoréducteur est fixé verticalement sur le profilé à l'aide des supports.

- Assemblage en H

La base du support est en forme de « H » afin d'assurer la rigidité du support. Il permet ainsi d'éviter que le robot bascule à cause du poids des moteurs.

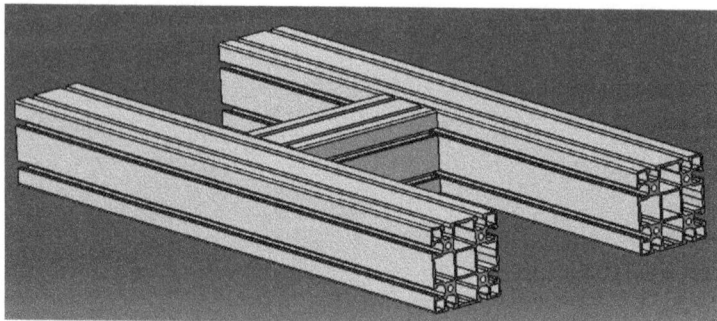

- Assemblage support

Ci-dessous, on a l'ensemble du support. Les profilés et la plaque sont fixés à l'aide des équerres.

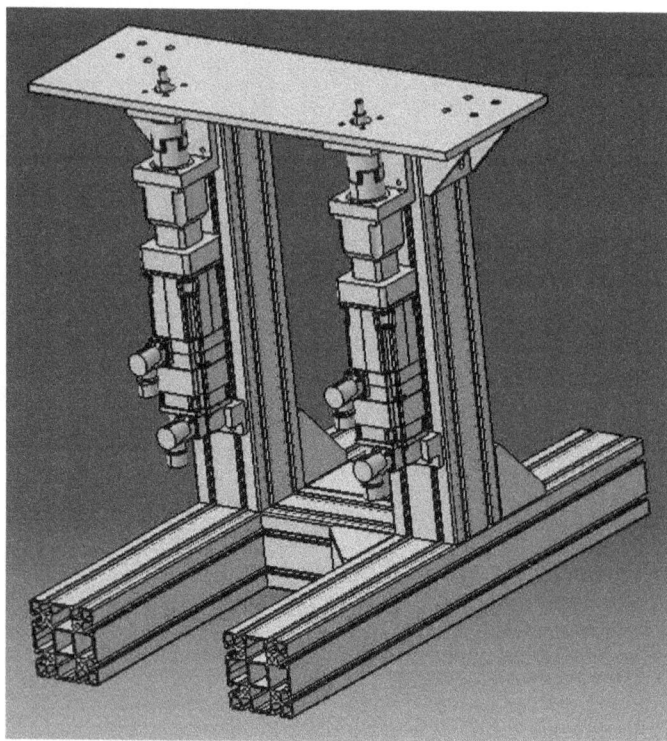

2.2.3. Modélisation des bras

- Profilés 30x30

Ces profilés sont des pièces standards fabriquées par SOPRODI. Les trous sont usinés après et servent au maintien en position des différents embouts. On perce dans les deux sens, horizontalement et verticalement, afin d'assurer la rigidité des barres.

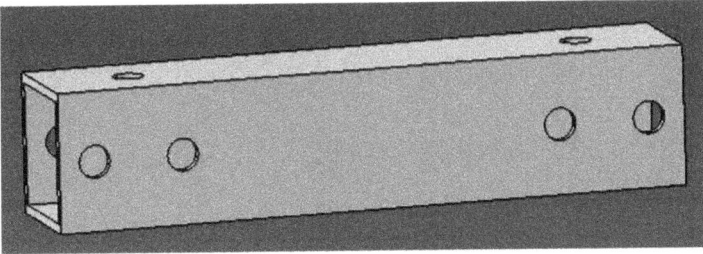

- Embout « fixe » ou « de jonction »

Cet embout est placé aux extrémités des deux barres en sortie de moteur et à l'une des extrémités de la troisième barre.

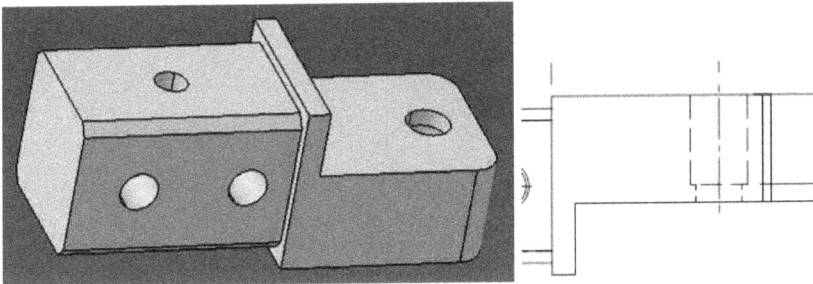

La partie gauche est conçue pour s'encastrer parfaitement dans le profilé, d'où les quatre arêtes chanfreinées, les trois perçages correspondant à ceux fait sur le profilé.

La partie droite a pour but d'être la partie fixe de la liaison pivot. Cette partie est faite de façon à ce que l'arbre de la liaison pivot s'encastre dans la pièce et qu'une vis fixe l'ensemble. Ainsi, la pièce elle-même sert de rondelle pour la vis et il y a moins de problème d'usure.

- Embouts roulements

Cette pièce est conçue pour contenir deux roulements. La raison pour laquelle il y a deux tailles différentes est pour s'adapter aux dimensions des barres afin de respecter les données du robot.

L'embout de petite taille est celui qui correspond à l'effecteur qui joint les deux bras du robot.

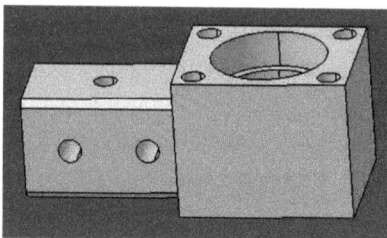

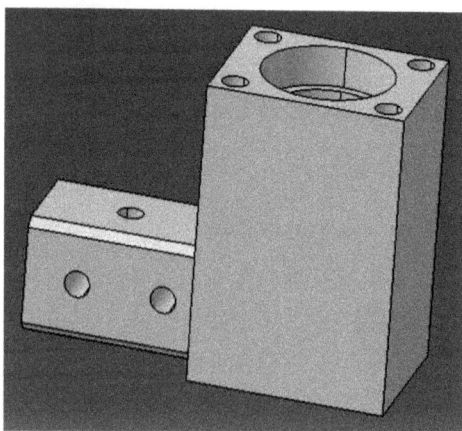

La pièce ci-dessous est usinée en deux exemplaires et correspond aux deux liaisons pivots intermédiaires des bras.

- Arbre roulement

Comme pour les embouts roulements, il y a deux arbres roulements différents par leur taille et qui correspondent aux embouts.

De la même façon que l'arbre moteur, les arbres roulements ont un épaulement pour bloquer la bague intérieure du roulement d'un côté et assurer la mise en position sur l'embout fixe. Ils ont également un perçage taraudé pour la vis de fixation sur l'embout fixe.

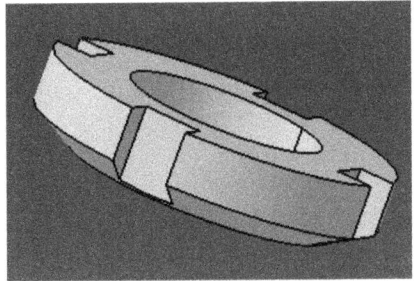

L'autre extrémité des arbres est filetée pour l'écrou à encoches qui sert à bloquer la bague intérieure du deuxième roulement ainsi qu'à gérer le jeu dans l'ensemble de roulements.

- Couvercle embout roulement

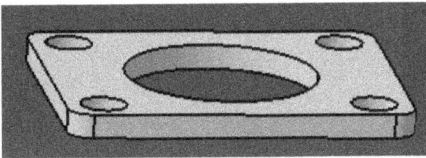

Ce couvercle est de la dimension des embouts et sert au maintien en position de l'ensemble.

- Assemblage des différents bras

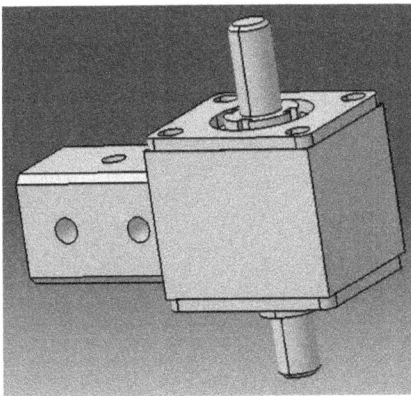

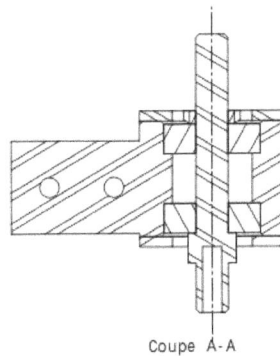

Coupe A-A

2.2.4. Assemblage final du robot

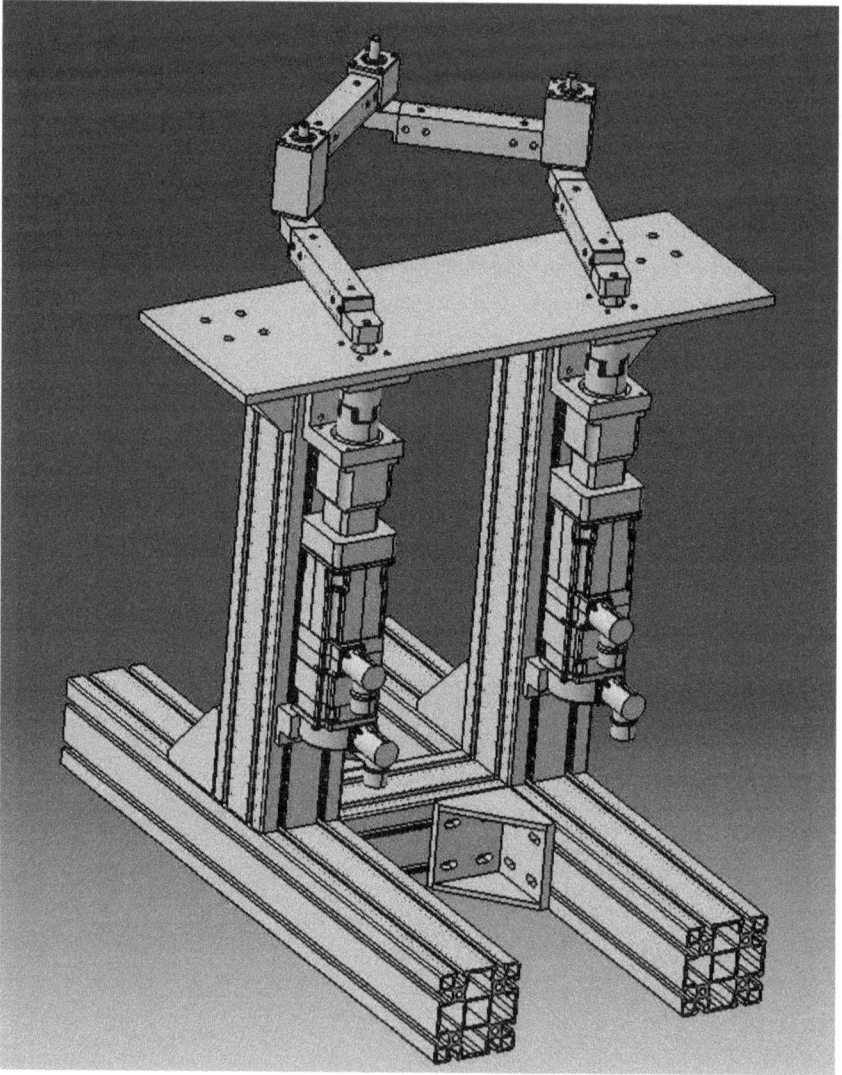

CHAPITRE 3. PROGRAMMATION

La dernière étape de ce projet a été la programmation du système. Celle-ci a consisté à programmer le MGI, Modèle Géométrique Inverse, pour permettre le mouvement du robot.

3.1. Programmation et simulation sur le logiciel MATLAB

J'ai d'abord programmé sur le logiciel MATLAB, cela permet de vérifier le MGI.

Les solutions du MGI sont obtenues par l'équation : $q_i = 2 \tan^{-1}(z_i)$

Avec $z_i = (-b_i + s_i * sqrt(b_i^2 - 4a_ic_i)) / 2a_i$, $i = 1, 2$

$$\left\{ \begin{array}{l} a1 = l1^2 + y^2 + (x + (d/2))^2 - l2^2 + 2 * (x + (d/2)) * l1; \\ b1 = -4 * y * l1; \\ c1 = l1^2 + y^2 + (x + (d/2))^2 - l2^2 - 2 * (x + (d/2)) * l1; \\ a2 = l1^2 + y^2 + (x - (d/2))^2 - l2^2 + 2 * (x - (d/2)) * l1; \\ b2 = -4 * y * l1; \\ c2 = l1^2 + y^2 + (x - (d/2))^2 - l2^2 - 2 * (x - (d/2)) * l1; \end{array} \right.$$

$(x ; y)$ sont les coordonnées de l'effecteur.

$$\left\{ \begin{array}{l} z11 = (-b1 + s1 * (sqrt(b1^2 - 4 * a1 * c1))) / (2 * a1); \\ z12 = (-b1 + s2 * (sqrt(b1^2 - 4 * a1 * c1))) / (2 * a1); \\ z21 = (-b2 + s1 * (sqrt(b2^2 - 4 * a2 * c2))) / (2 * a2); \\ z22 = (-b2 + s2 * (sqrt(b2^2 - 4 * a2 * c2))) / (2 * a2); \end{array} \right.$$

$$\left\{ \begin{array}{l} q11 = 2 * atan(z11); \\ q12 = 2 * atan(z12); \\ q21 = 2 * atan(z21); \\ q22 = 2 * atan(z22); \end{array} \right.$$

Au final, on obtient quatre solutions différentes, deux pour chaque moteur. Pour l'ensemble des simulations et pour la programmation finale en CIDE, on n'utilisera qu'une solution pour chaque moteur : q11 et q22.

Ensuite, on prend des valeurs pour les coordonnées de l'effecteur et on effectue une simulation. Celle-ci nous donnera donc les positions angulaires des moteurs ainsi qu'une courbe pour la position des barres.

$$x = 0 \;;$$
$$y = 0.3 \;;$$

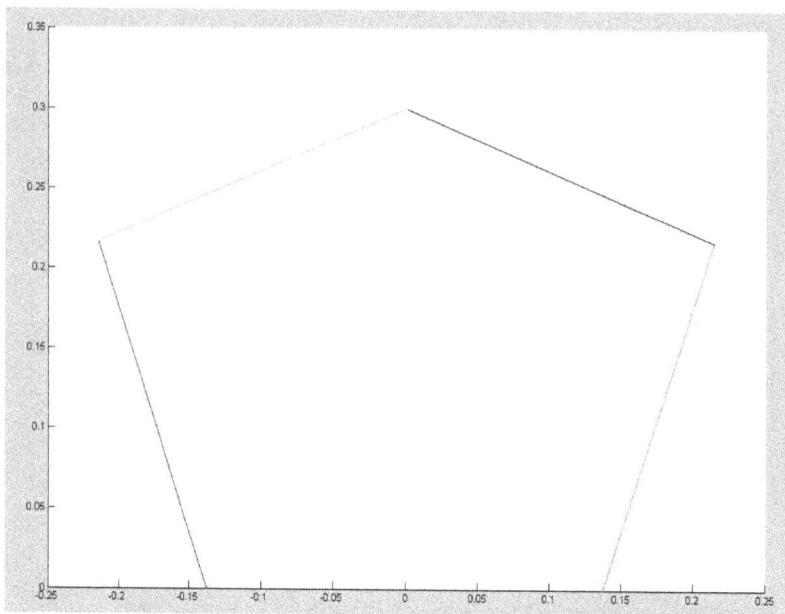

A partir de ces données calculées, on peut construire le modèle ADAMS qui va nous permettre de vérifier l'exactitude du MGI.

3.2. Programmation et simulation sur le logiciel MSC ADAMS

En prenant les coordonnées de l'effecteur choisies comme position initiale de l'effecteur, et utilisant les données calculées par MATLAB, on peut construire le modèle du robot dans ADAMS :

Points	Position sur l'axe X	Position sur l'axe Y
A1	-137.5	0
A2	137.5	0
B1	-214.4	216.8
B2	214.4	216.8
E	0	300

Les points A1 et A2 sont positionnés en fonction de la distance entre les deux moteurs. Les positions des points B1 et B2 ont été calculées avec le programme MATLAB.

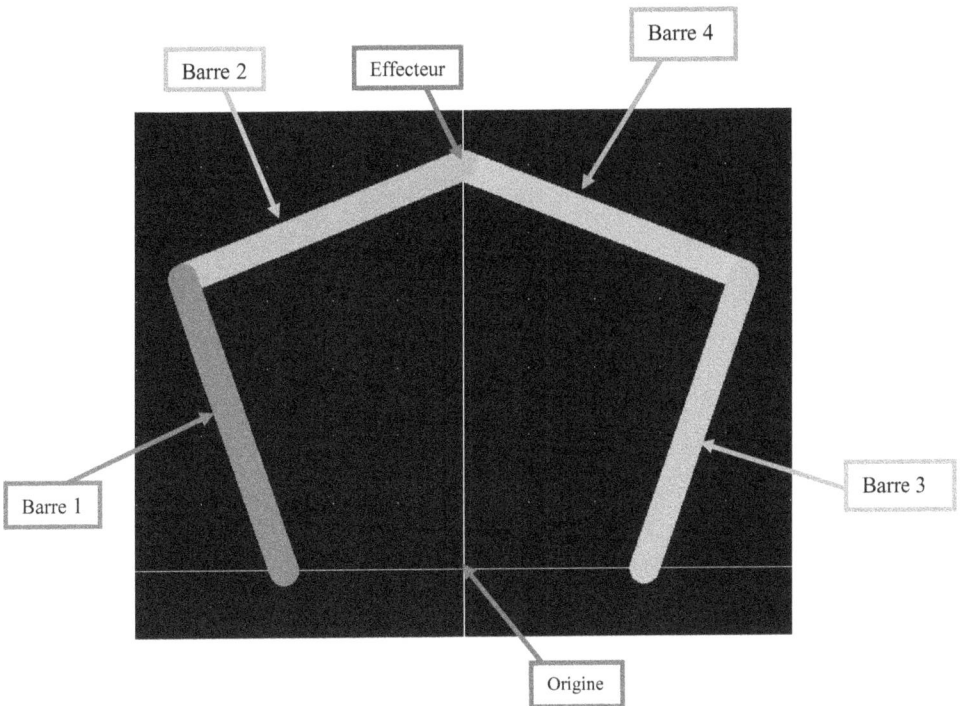

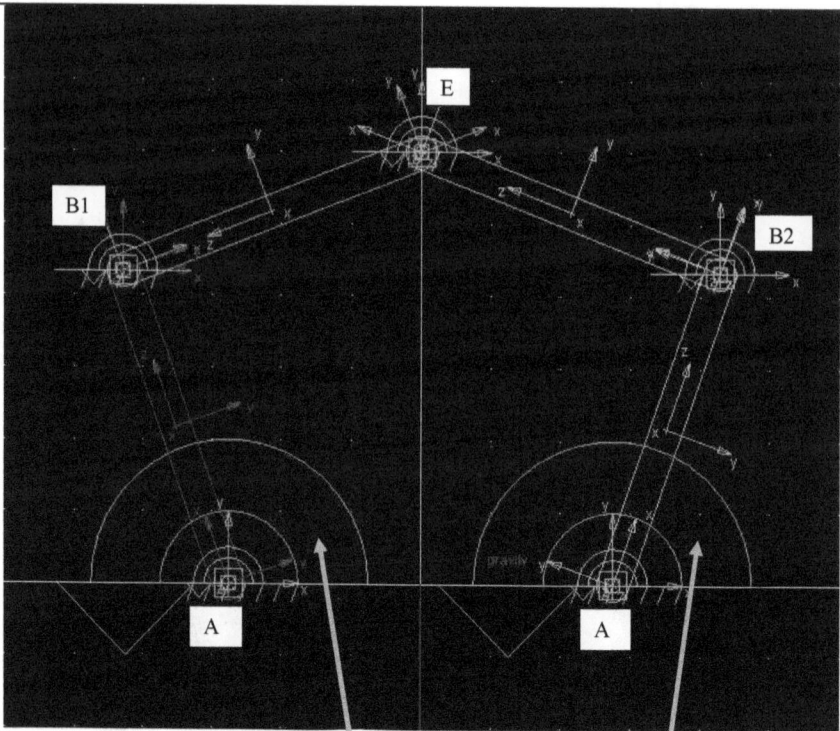

Déplacement
angulaire moteur 1

Déplacement
angulaire moteur 2

Une fois le modèle construit, on peut lancer la simulation afin d'obtenir une autre position de l'effecteur.

Sur le moteur 1 on rentre : disp(time) = (10 * PI / 180) * (1 - EXP((3 * TIME) / 2))

Et sur le moteur 2 : disp(time) = (-10* PI /180) * (1 - EXP((3 * TIME) / 2))

On obtient les courbes suivantes :

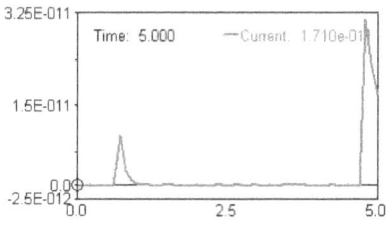

Position de l'effecteur suivant l'axe X   Position de l'effecteur suivant l'axe Y

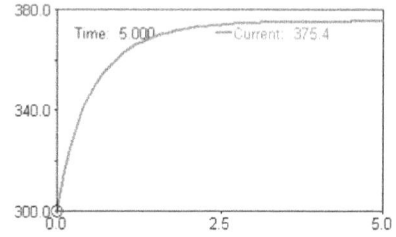

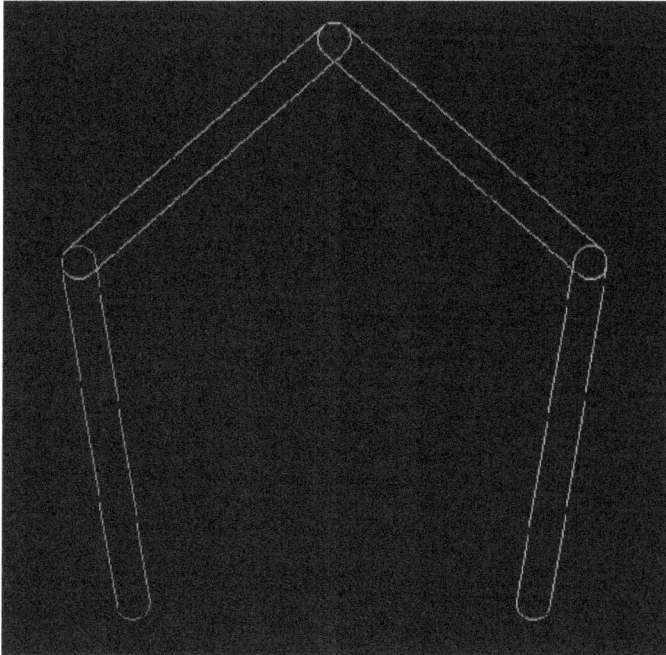

On recalcule ensuite le MGI sur MATLAB avec les nouvelles coordonnées de l'effecteur afin de vérifier que l'on obtient la même chose :

$$x = 1.7 * 10^{-11} \; ;$$
$$y = 0.3754 \; ;$$

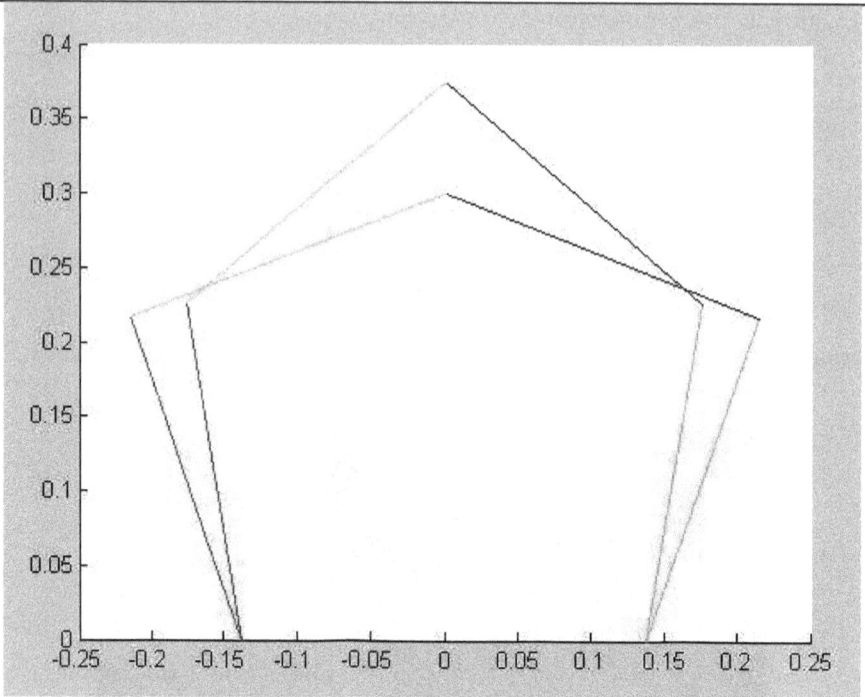

Ce qui est le cas (heureusement) !

3.3. Programmation et simulation sur le logiciel CIDE

La dernière phase de la programmation est celle qui va servir au mouvement du robot et assurer l'intégration de celui-ci. Pour cela, on utilise une architecture de type ADEPT et le logiciel qui va avec CIDE.

Le logiciel CIDE utilise la programmation en C, assez proche de la programmation MATLAB. Comme celle-ci a été faite avant, cela rend la programmation sur CIDE plus facile.

On a donc trois fichiers :

- main.c

- MGI_5barres.c

- MGI_5barres.h

Le fichier MGI_5barres.h est une bibliothèque dont on doit faire appel dans les deux autres fichiers pour faire fonctionner le programme. On va donc s'intéresser aux autres.

3.3.1. MGI_5barres.c

Le fichier MGI-5barres.c contient comme son nom l'indique le MGI du robot. La première partie concerne la déclaration des variables et des paramètres géométriques, de pose et ceux utiles pour le calcul des solutions.

Ex : double l1,l2,d;

double x,y;

double q11,q12;

Ensuite on donne la valeur des paramètres et les consignes de pose.

Enfin on a le MGI, que l'on copie directement du programme MATLAB.

On affecte les deux solutions que l'on garde à deux variables que l'on utilise dans le fichier main.c :

JointAngles_deg[0] = q11*rad2deg;

JointAngles_deg[1] = q22*rad2deg;

« rad2deg » est une valeur, définie au début de ce fichier, qui permet de convertir les valeurs angulaires de radian en degré.

3.3.2. main.c

Dans le fichier main.c, on commence par définir les poses :

#define HOME_X   (0)

#define HOME_Y   (0.3)

#define HOME_1   (109.538)

#define HOME_2   (70.462)

On a ensuite l'ensemble du programme qui permet de faire fonctionner le système et que je vais maintenant détailler.

Au début de la fonction, on déclare les paramètres et la position initiale :

double Xpose[2];

double JointAngles_deg[2];

double Q_passif[2];

double maxVel=150;

Int32 coordMoveID;

double position_moteur1;

double position_moteur2;

double position_desire[2];

Le chiffre entre crochet [2] correspond au nombre d'indentation des paramètres.

Ainsi, pour la pose initiale, on déclare une fois « Xpose » et la première valeur correspond à la position sur l'axe X et la deuxième sur l'axe Y.

Xpose[0]=HOME_X;

Xpose[1]=HOME_Y;

Ensuite, on commande la mise en route des deux moteurs :

CA_MotorPower(1,HIGH); cette commande permet d'allumer le moteur 1, la même commande (le 2 remplacement le 1) permet d'allumer l'autre moteur.

CA_SetMaxVel(1, maxVel); cela donne la valeur de vitesse max des moteurs définie dans la déclaration des paramètres.

Pour le système, la position initiale des moteurs est celle dans laquelle ils se trouvent quand le système est activé. On doit donc dans le programme initialiser leur position dans celle que l'on a décidée. Cela se fait par cette commande :

CA_WriteMotorPos(1,HOME_1);

CA_WriteMotorPos(2,HOME_2);

On teste ensuite le MGI sur la position initiale en faisant appel au fichier MGI_5barres.c par la fonction: MGI_5barres(Xpose,JointAngles_deg,Q_passif);

La suite du programme concerne le déplacement du robot. Pour cela, on commence par donner la position que l'on veut atteindre :

position_desire[0]=HOME_X ;

position_desire[1]=HOME_Y+0.1 ;

Puis on fait de nouveau appel au MGI pour calculer les coordonnées articulaires :

MGI_5barres(position_desire,JointAngles_deg,Q_passif);

On fait ensuite bouger le robot grâce à la fonction suivante, elle permet d'envoyer la commande au système qui coordonne les moteurs :

CA_MoveCoordAbs(JointAngles_deg[0], JointAngles_deg[1], IGNORE_AXIS, IGNORE_AXIS, IGNORE_AXIS, IGNORE_AXIS, IGNORE_AXIS, IGNORE_AXIS, &coordMoveID);

On répère cette programmation pour obtenir le mouvement de retour à la position initiale. On change juste la position désirée :

position_desire[0]=HOME_X ;

position_desire[1]=HOME_Y ;

Et enfin, on coupe la puissance des moteurs : CA_MotorPower(1,LOW) ;

3.3.3. Simulation

Tout le long du fichier main.c, on ajoute ces lignes de programme :

```
CA_ReadMotorPos(1,&position_moteur1);
CA_ReadMotorPos(2,&position_moteur2);

CA_Printf("\n        q1        home=      %f\n      q2      home=
%f\n",position_moteur1,position_moteur2);
CA_Printf("\n       q1        test      =      %f\n      q2      test=
%f\n",JointAngles_deg[0],JointAngles_deg[1]);
CA_Printf("\n passif1 test= %f\n passif2 test= %f\n",Q_passif[0],Q_passif[1]);
```

Les « CA_ReadMotorPos » permettent de lire la position des moteurs dans l'espace, et les « CA_Printf » permettent de les écrire dans une boîte de dialogue afin que l'utilisateur puisse les lire.

356401825

```
Puissance HIGH

----------
Prise d'origine machine
----------

q1 home= 109.538000
q2 home= 70.462000

----------
Test MGI origine machine
----------

q1 test = 109.535224
q2 test= 70.464778

passif1 test= 47.263788
passif2 test= 132.736212

----------
Déplacement de 10 cm sur Y
----------

q1 desirée= 94.175514
q2 désirée= 85.824488

q1 finale= 94.175514
q2 finale= 85.824488

----------
Retour position initiale
----------

q1 desirée= 109.535224
q2 désirée= 70.464778

q1 finale= 109.535224
q2 finale= 70.464778

Puissance LOW
```

The program on the servo board is running.

CONCLUSION

Ce projet a permis de mettre en place un nouveau robot au sein du CTT qui va pouvoir être utilisé dans les années futures pour des TP.

La conception et la programmation du robot ont été totalement réalisées. A cause d'un problème d'emploi du temps pour l'utilisation des machines-outils, les pièces non pas toutes été fabriquées. Du coup, le robot n'était pas monté quand je suis partie.

Malgré cela, je dois dire que ce projet a été pour moi très intéressant. Il m'a en effet permis en peu de temps (quatre mois) de voir tous les aspects de la robotique de la conception à la programmation du robot. J'ai pu également me perfectionner dans l'utilisation de différents logiciels : CATIA V5, MATLAB, ADAMS et le logiciel de commande ADEPT.

Plus de deux ans et demi après la fin de mon stage, le robot est monté et fonctionne parfaitement. Les équipes en place ont pu développer des algorithmes de commande qui permettent de traverser les singularités dont j'ai parlé dans la première partie de ce rapport.

ANNEXES

ANNEXE A NOMENCLATURE ET PLANS DES PIECES.

NOM PIECE	NOMBRE	
Embout roulement bras/avant bras	2	pièce usinée
vis M6x15	16	
vis M6x35	4	
roulement SKF 7200 BECBP	4	
Embout roulement effecteur	1	pièce usinée
vis M6x15	8	
vis M6x35	2	
roulement SKF 7200 BECBP	2	
Profilé bras 30x30x154	2	
Profilé avant bras 30x30x141	2	
Embout de jonction	5	pièce usinée
vis M6x35	10	
vis M6x15	5	
Arbre effecteur	1	pièce usinée
Arbre bras	2	pièce usinée
Arbre moteur	2	pièce usinée
vis M6x15	2	
Support moteur inférieur	2	pièce usinée
vis Norcan	4	
Support moteur supérieur	2	pièce usinée
vis Norcan	4	
vis M4	8	même que 3RRR
roulement SKF 3200*	2	
Plaque alu 600x200x10	1	pièce usinée
Couvercle embout roulement	6	pièce usinée
Couvercle moteur	2	pièce usinée
Profilé support Norcan		
90x90x700	2	
90x90x191	1	
90x90x500	2	
Equerre Norcan	6	

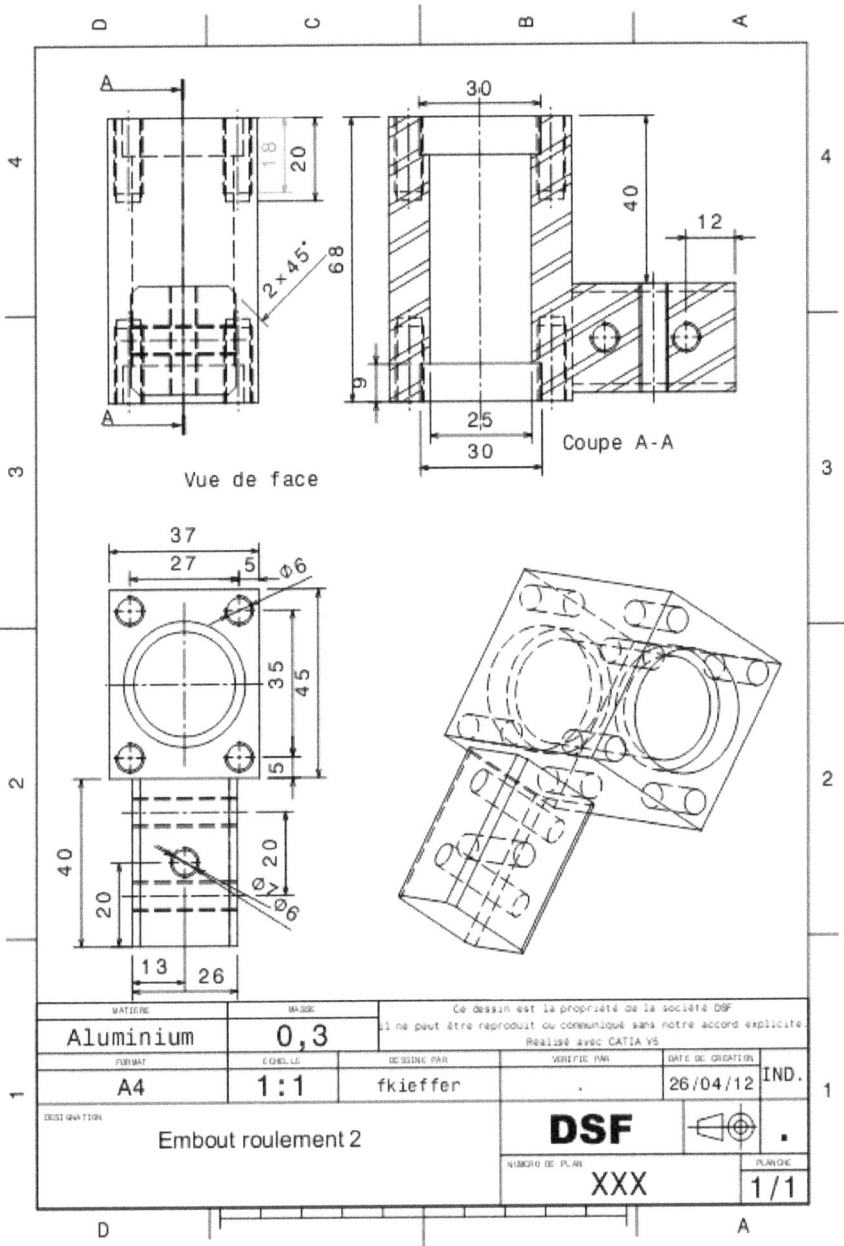

A
A

Vue de face

30

18
20

2×45°
68

Coupe A-A

40

12

9

25

30

37
27
5
Φ6

35
45
5

40
20
20

Ø20
Ø7
Ø6

13
26

MATIERE	MASSE				
Aluminium	0,3				
FORMAT	ECHELLE	DESSINE PAR	VERIFIE PAR	DATE DE CREATION	
A4	1:1	fkieffer	.	26/04/12	IND.

DESIGNATION

Embout roulement 2

DSF

NUMERO DE PLAN
XXX

PLANCHE
1/1

39

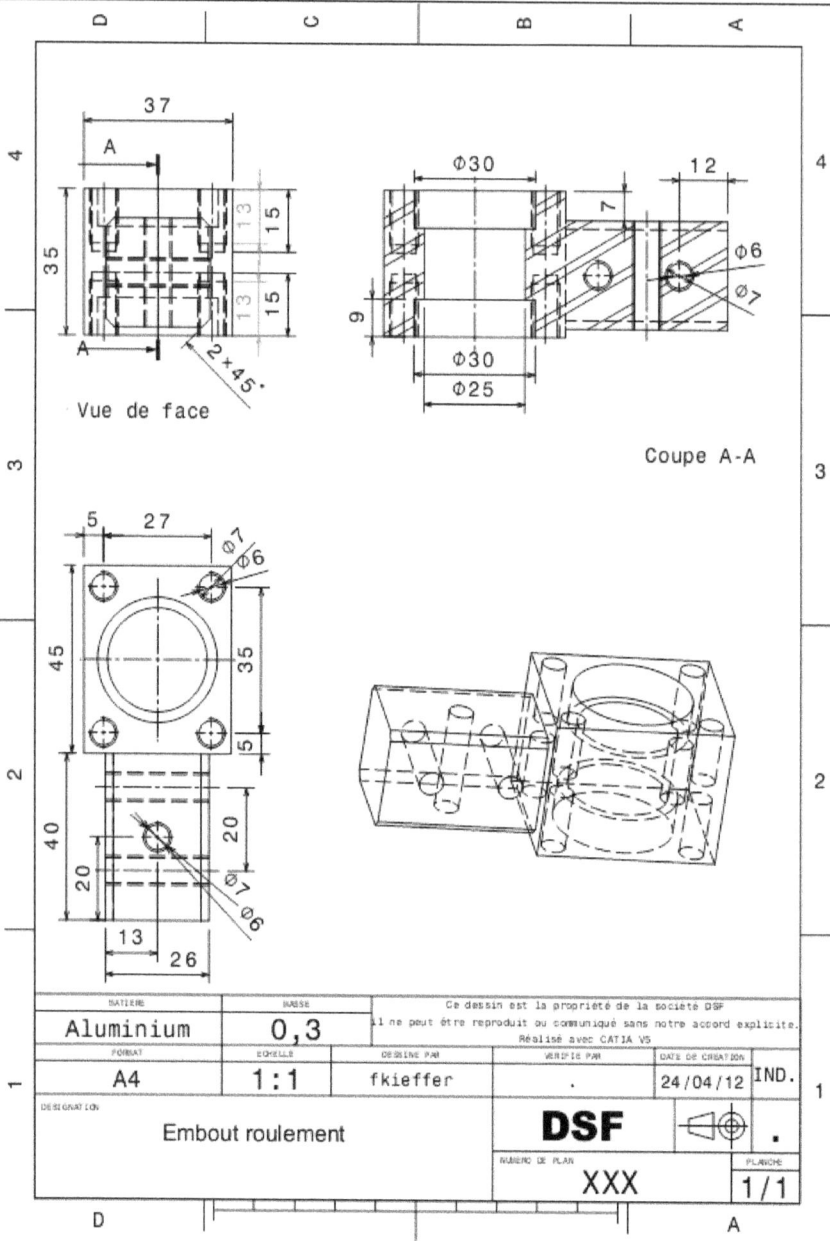

Vue de face

Coupe A-A

MATIERE	MASSE	Ce dessin est la propriété de la société DSF
Aluminium	0,3	Il ne peut être reproduit ou communiqué sans notre accord explicite. Réalisé avec CATIA V5
FORMAT	ECHELLE	DESSINE PAR	VERIFIE PAR	DATE DE CREATION	IND.
A4	1:1	fkieffer	.	24/04/12	

DESIGNATION

Embout roulement

DSF

NUMERO DE PLAN XXX

PLANCHE 1/1

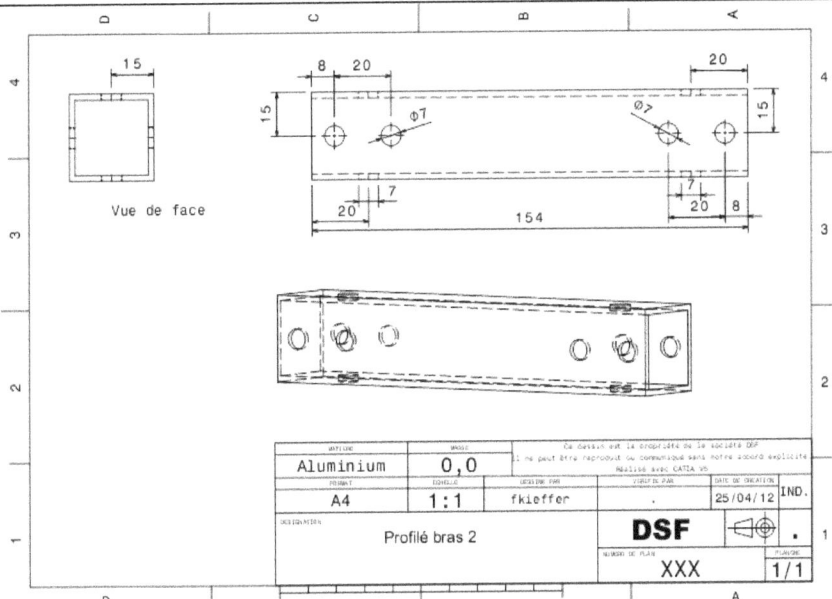

Vue de face

MATIERE	MASSE		
Aluminium	0,0	Ce dessin est la propriété de la société DSF Il ne peut être reproduit ou communiqué sans notre accord explicite Réalisé avec CATIA V5	
FORMAT	ECHELLE	DESSINE PAR	VERIFIE PAR	DATE DE CREATION
A4	1:1	fkieffer	.	25/04/12	IND.

DESIGNATION

Profilé bras 2

DSF

NUMERO DE PLAN

XXX

PLANCHE

1/1

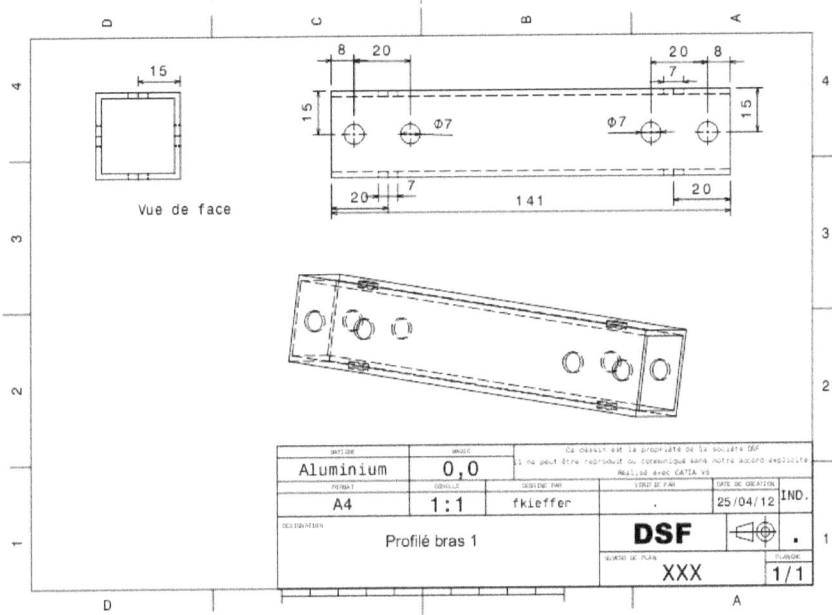

Vue de face

MATIERE	MASSE		
Aluminium	0,0	Ce dessin est la propriété de la société DSF Il ne peut être reproduit ou communiqué sans notre accord explicite Réalisé avec CATIA V5	
FORMAT	ECHELLE	DESSINE PAR	VERIFIE PAR	DATE DE CREATION
A4	1:1	fkieffer	.	25/04/12	IND.

DESIGNATION

Profilé bras 1

DSF

NUMERO DE PLAN

XXX

PLANCHE

1/1

41

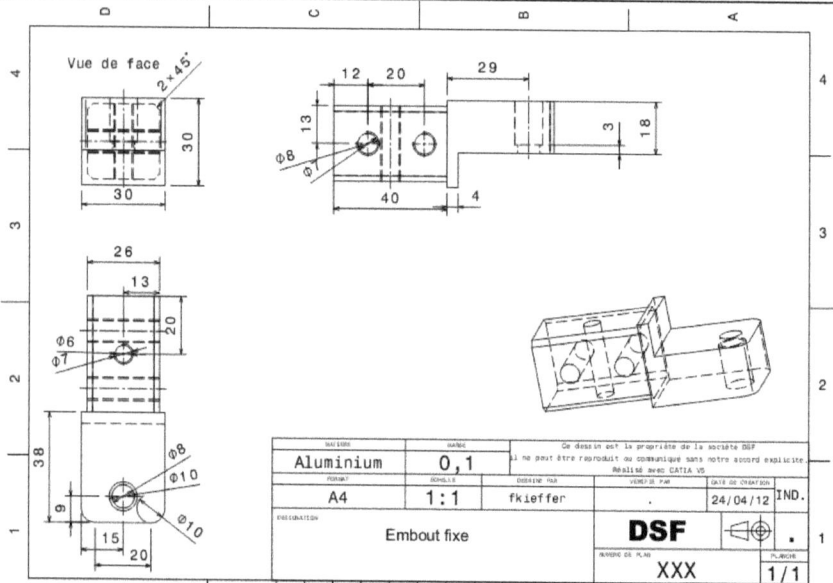

Vue de face
2×45°
30
30
12 20 29
Ø8
13
3 18
40 4
26
13
20
Ø6
Ø7
38
9
Ø8
Ø10
Ø10
15
20

MATIERE	MASSE	Ce dessin est la propriété de la société DSF
Aluminium	0,1	Il ne peut être reproduit ou communiqué sans notre accord explicite. Réalisé avec CATIA V5
FORMAT	ECHELLE	DESSINE PAR	VERIFIE PAR	DATE DE CREATION	
A4	1:1	fkieffer	.	24/04/12	IND.
DESIGNATION					
Embout fixe		DSF		.	
		NUMERO DE PLAN			PLANCHE
		XXX			1/1

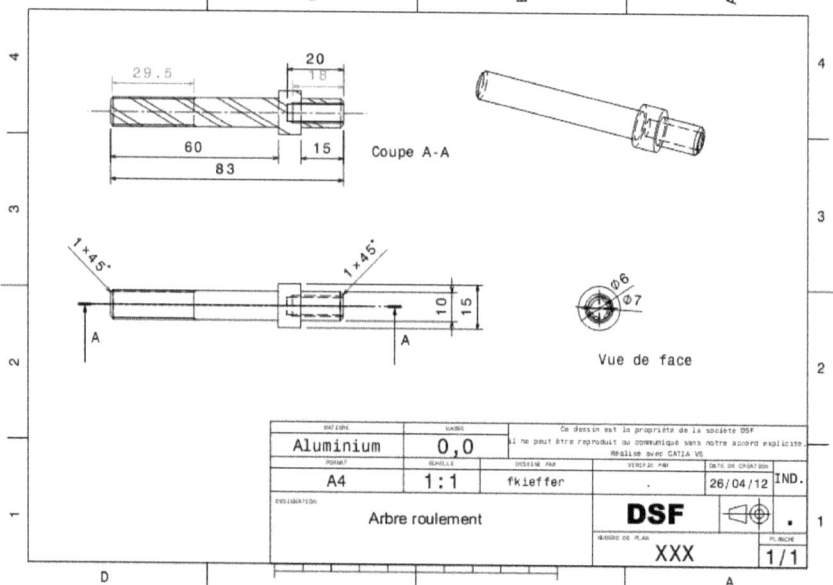

29.5
20
18
60
15
Coupe A-A
83
1×45°
1×45°
A
10
15
A
Ø6
Ø7
Vue de face

MATIERE	MASSE	Ce dessin est la propriété de la société DSF
Aluminium	0,0	Il ne peut être reproduit ou communiqué sans notre accord explicite. Réalisé avec CATIA V5
FORMAT	ECHELLE	DESSINE PAR	VERIFIE PAR	DATE DE CREATION	
A4	1:1	fkieffer	.	26/04/12	IND.
DESIGNATION					
Arbre roulement		DSF		.	
		NUMERO DE PLAN			PLANCHE
		XXX			1/1

42

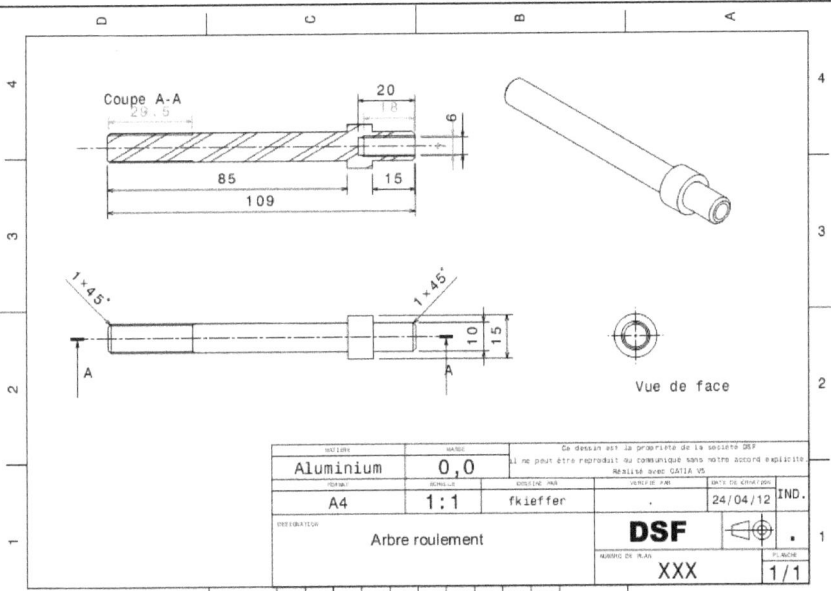

Coupe A-A

20
18
6

29.5

85
109
15

1×45°

1×45°

10
15

A

A

Vue de face

MATIÈRE	MASSE	Ce dessin est la propriété de la société DSF
Aluminium	0,0	Il ne peut être reproduit ou communiqué sans notre accord explicite. Réalisé avec CATIA V5
FORMAT	ECHELLE	DESSINE PAR	VERIFIE PAR	DATE DE CREATION	IND.
A4	1:1	fkieffer	.	24/04/12	

DESIGNATION Arbre roulement

DSF

NUMERO DE PLAN XXX | PLANCHE 1/1

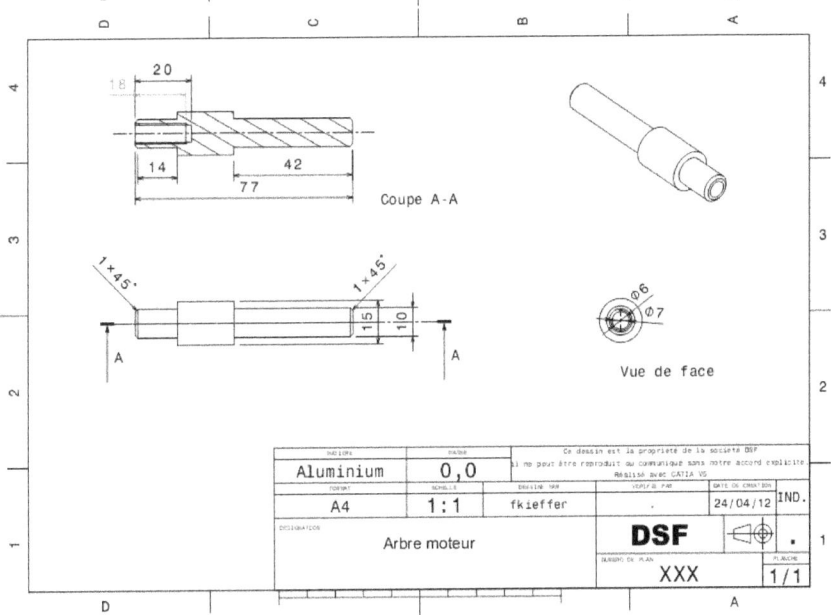

20
18

14
42
77

Coupe A-A

1×45°

1×45°

15
10

A

A

Ø6
Ø7

Vue de face

MATIÈRE	MASSE	Ce dessin est la propriété de la société DSF
Aluminium	0,0	Il ne peut être reproduit ou communiqué sans notre accord explicite. Réalisé avec CATIA V5
FORMAT	ECHELLE	DESSINE PAR	VERIFIE PAR	DATE DE CREATION	IND.
A4	1:1	fkieffer	.	24/04/12	

DESIGNATION Arbre moteur

DSF

NUMERO DE PLAN XXX | PLANCHE 1/1

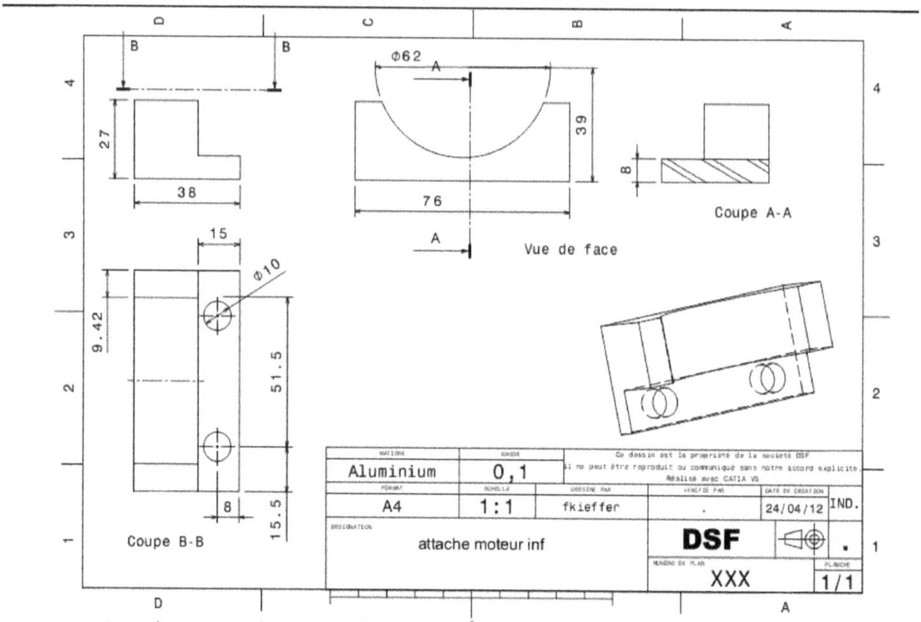

Vue de face

Coupe A-A

Ø62

39

76

38

27

15

Ø10

9.42

51.5

8

15.5

Coupe B-B

MATIERE	MASSE	
Aluminium	0,1	Ce dessin est la propriété de la société DSF Il ne peut être reproduit ou communiqué sans notre accord explicite Réalisé avec CATIA V5

FORMAT	ECHELLE	DESSINE PAR	VERIFIE PAR	DATE DE CREATION	
A4	1:1	fkieffer	.	24/04/12	IND.

DESIGNATION		
attache moteur inf	DSF	

NUMERO DE PLAN: XXX

PLANCHE: 1/1

Vue de face

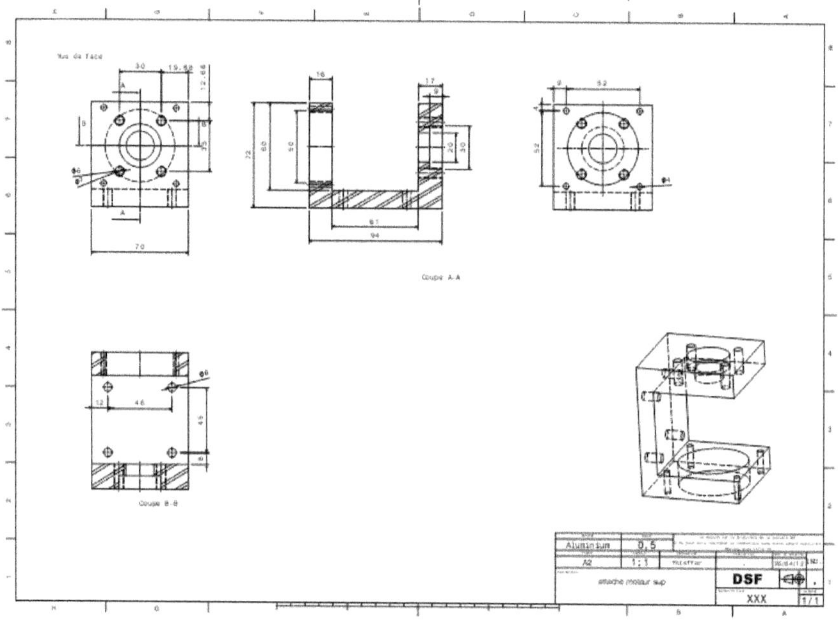

Coupe A-A

Coupe B-B

30 19.98 12.64

16 17

9 52

72 60 50

52

Ø4

61 94

70

12 46 49

Ø6

MATIERE	MASSE
Aluminium	0.5

FORMAT	ECHELLE	DESSINE PAR
A2	1:1	fkieffer

attache moteur sup

DSF

XXX 1/1

44

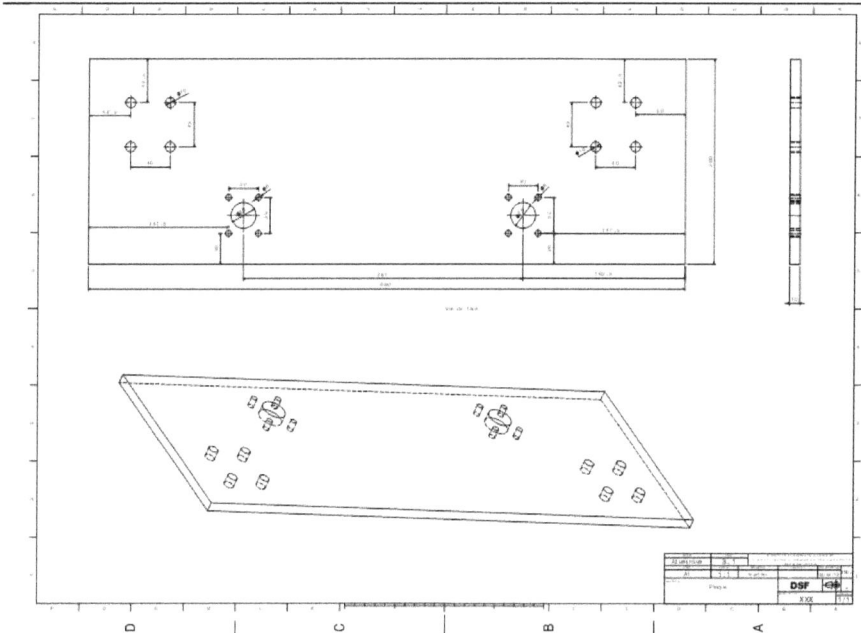

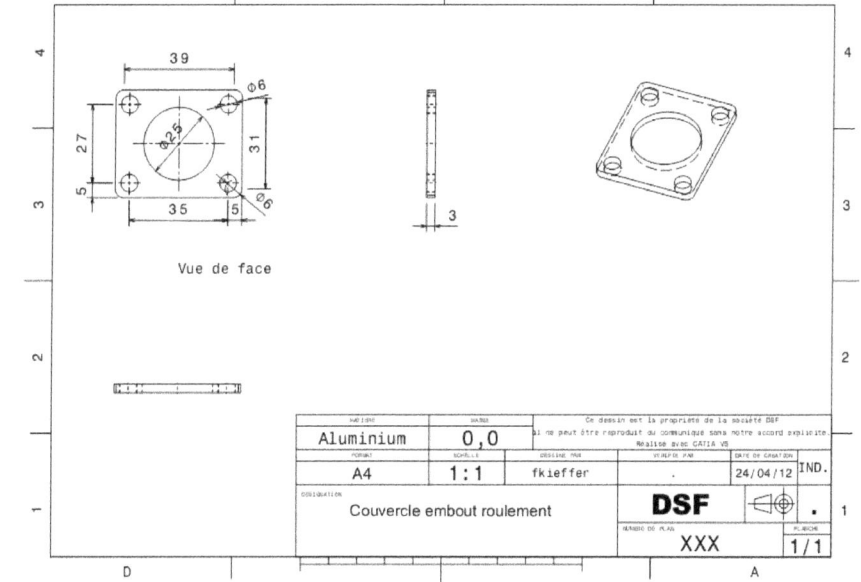

Vue de face

MATIERE	MASSE	Ce dessin est la propriété de la société DSF		
Aluminium	0,0	Il ne peut être reproduit ou communiqué sans notre accord explicite. Réalisé avec CATIA V5		
FORMAT	ECHELLE	DESSINE PAR	VERIFIE PAR	DATE DE CREATION
A4	1:1	fkieffer	.	24/04/12
DESIGNATION					IND.
Couvercle embout roulement		**DSF**	
		NUMERO DE PLAN		PLANCHE
		XXX		1/1

45

ANNEXE B   ROULEMENTS

Roulements rigides à billes, à une rangée, non étanches

Tolérances , voir aussi le texte
Jeu interne radial , voir aussi le texte
Ajustements recommandés
Tolérances d'arbre et de logement

Dimensions d'encombrement			Charges de base dynamique	statique	Limite de fatigue	Vitesses de base Vitesse de référence	Vitesse limite	Masse	Désignation
d	D	B	C	C_0	P_u				* - Roulement SKF Explorer
mm			kN		kN	tr/min		kg	-
10	30	9	6,4	2,36	0,1	56000	34000	0,032	6200 *

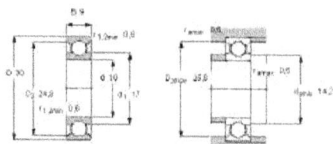

Coefficients de calcul
k_r 0,025
f_0 15

Roulements à billes à contact oblique, à une rangée

SKF

Tolérances , voir aussi le texte
Jeu interne axial , a), b), précharge, voir aussi le texte
Ajustements recommandés
Tolérances d'arbre et de logement

Dimensions d'encombrement			Charges de base dynamique	statique	Limite de fatigue	Vitesses de base Vitesse de référence	Vitesse limite	Masse	Désignation
d	D	B	C	C_0	P_u				-
mm			kN		kN	tr/min		kg	
10	30	9	7,02	3,35	0,14	30000	30000	0,03	7200 BECBP

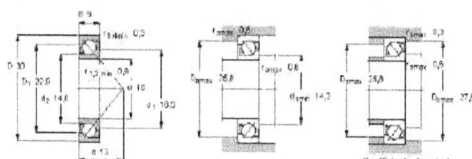

Coefficients de calcul
f_0 0,005
f_2 1,4
e 1,14
X 0,35
Y 0,57
Y_0 0,26

Ecrous de serrage KM(L) avec rondelle-frein

SKF

Dimension du filetage	Dimensions			Capacité de charge axiale statique	Masse	Désignations Ecrou de serrage	Rondelle-frein appropriée	Clé à main appropriée
	d_1	B	G					
mm	mm		-	kN	kg	-		
10	18	4	M 10x0.75	9,8	0,004	KM 0	MB 0	HN 0

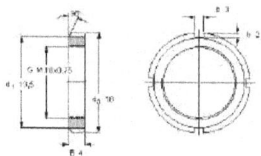

46

ANNEXE C   PROGRAMME MATLAB MGI

```
function [q11,q12,q21,q22]=MGI(x,y)

% Paramètres
l1=0.230;
l2=0.230;
d=0.275;
x_A1=-d/2;
x_A2=d/2;
y_A1=0;
y_A2=0;
x_E=x;
y_E=y;


s1=1;
s2=-1;
a1=l1^2+y^2+(x+(d/2))^2-l2^2+2*(x+(d/2))*l1;
b1=-4*y*l1;
c1=l1^2+y^2+(x+(d/2))^2-l2^2-2*(x+(d/2))*l1;
a2=l1^2+y^2+(x-(d/2))^2-l2^2+2*(x-(d/2))*l1;
b2=-4*y*l1;
c2=l1^2+y^2+(x-(d/2))^2-l2^2-2*(x-(d/2))*l1;

z11=(-b1+s1*(sqrt(b1^2-4*a1*c1)))/(2*a1);
z12=(-b1+s2*(sqrt(b1^2-4*a1*c1)))/(2*a1);
z21=(-b2+s1*(sqrt(b2^2-4*a2*c2)))/(2*a2);
z22=(-b2+s2*(sqrt(b2^2-4*a2*c2)))/(2*a2);

q11=2*atan(z11);
q12=2*atan(z12);
q21=2*atan(z21);
q22=2*atan(z22);
```

```
x_B1=x_A1+l1*cos(q11);
y_B1=y_A1+l1*sin(q11);
x_B2=x_A2+l2*cos(q22);
y_B2=y_A2+l2*sin(q22);

figure(1)
hold on
plot([x_A1,x_B1],[y_A1,y_B1],'r')
plot([x_A2,x_B2],[y_A2,y_B2],'g')
plot([x_B1,x_E],[y_B1,y_E],'c')
plot([x_B2,x_E],[y_B2,y_E],'k')
```

ANNEXE D   PROGRAMME CIDE

<u>MGI_5barres.c</u>

```
//Modèle géométrique inverse du 5barres
#include "MGI_5barres.h"
#define rad2deg 57.29578

Int32 MGI_5barres(double *Xpose, double *JointAngles_deg, double *Q_passif)
{
   //-----------------------------------------------//
   //-------Déclaration des variables ---------//
   //-----------------------------------------------//
   // Paramètres géométriques
   double l1,l2,d;
   double x_A1,y_A1,x_A2,y_A2;

   // Paramètres de pose
   double x,y;

   // Paramètres pour le calcul de solution
   double a1,b1,a2,b2,c1,c2,s1,s2,z11,z12,z21,z22,p1,p2;

   // Solutions articulaires
   double q11,q12;
   double q21,q22;

   //-------------------------------------------//
   //-------------- Paramètres --------------//
   //-------------------------------------------//
   // Paramètres du Robot
   l1=0.230;
   l2=0.230;
   d=0.275;

   // Position des points Ai
   x_A1=-d/2;
   x_A2=d/2;
   y_A1=0;
   y_A2=0;
```

```
//----------------------------------------------//
//---------- Consigne de pose -----------//
//----------------------------------------------//
x = Xpose[0];
y = Xpose[1];


//----------------------------------------------//
//----------- Calcul MGI ---------------//
//----------------------------------------------//
//-----Calcul des ai, bi et ci
s1=1;
s2=-1;

a1=l1*l1+y*y+(x+(d/2))*(x+(d/2))-l2*l2+2*(x+(d/2))*l1;
b1=-4*y*l1;
c1=l1*l1+y*y+(x+(d/2))*(x+(d/2))-l2*l2-2*(x+(d/2))*l1;

a2=l1*l1+y*y+(x-(d/2))*(x-(d/2))-l2*l2+2*(x-(d/2))*l1;
b2=-4*y*l1;
c2=l1*l1+y*y+(x-(d/2))*(x-(d/2))-l2*l2-2*(x-(d/2))*l1;

//-----Calcul des zi
z11=(-b1+s1*(sqrt(b1*b1-4*a1*c1)))/(2*a1);
z12=(-b1+s2*(sqrt(b1*b1-4*a1*c1)))/(2*a1);
z21=(-b2+s1*(sqrt(b2*b2-4*a2*c2)))/(2*a2);
z22=(-b2+s2*(sqrt(b2*b2-4*a2*c2)))/(2*a2);

//-----Calcul des angles
q11=2*atan(z11);
q12=2*atan(z12);
q21=2*atan(z21);
q22=2*atan(z22);

//------Choix de la solution - ici la première
JointAngles_deg[0] = q11*rad2deg;
JointAngles_deg[1] = q22*rad2deg;
```

```
//---------------------------------------------//
//--------- Liaisons passives ----------//
//---------------------------------------------//
p1=(y-l2*sin(q11))/(x-l1*cos(q11));
p2=(y-l2*sin(q22))/(x-l1*cos(q22));
Q_passif[0]=atan(p1)*rad2deg;
Q_passif[1]=atan(p2)*rad2deg+180;

    return SUCCESS;

}
```

main.c

```
#include "cde.h"
#include "MGI_5barres.h"

#define HOME_X      (0)
#define HOME_Y      (0.3)

#define HOME_1      (109.538)
#define HOME_2      (70.462)


/* CA_UserProgram()  *
 * ABSTRACT:      This is the entry point of the user application program.
 *                It initializes all variables and potentially the system and then
 *                starts the run time tasks.
 * INPUT PARAMETERS:         none
 * OUTPUT PARAMETERS:        none.
 */

void CA_UserProgram()
{
    CA_InitTry;

    //----- Pose initiale -----//
    double Xpose[2];
    Xpose[0]=HOME_X;
    Xpose[1]=HOME_Y;

    // ---- Paramètres ----//
```

```
double JointAngles_deg[2];
double Q_passif[2];
double maxVel=150;
Int32  coordMoveID;
double position_moteur1;
double position_moteur2;
double position_desire[2];

// ---- Mise sous puissance du moteur 1 ----//
CA_BusPower(HIGH);
CA_MotorPower(1,HIGH);
CA_MotorPower(2,HIGH);
CA_SetMaxVel(1, maxVel);
CA_SetMaxVel(2, maxVel);

CA_Printf("\n Puissance HIGH \n");


// ---- Initialisation de la position articulaire courante ----//
CA_Printf("\n ----------- \n Prise d'origine machine \n ----------- \n");
CA_WriteMotorPos(1,HOME_1);
CA_WriteMotorPos(2,HOME_2);

CA_ReadMotorPos(1,&position_moteur1);
CA_ReadMotorPos(2,&position_moteur2);

CA_Printf("\n q1 home= %f\n q2 home=
%f\n",position_moteur1,position_moteur2);

// ---- Test MGI pose initiale ----//
CA_Printf("\n ----------- \n Test MGI origine machine \n ----------- \n");
MGI_5barres(Xpose,JointAngles_deg,Q_passif);

CA_Printf("\n q1 test = %f\n q2 test=
%f\n",JointAngles_deg[0],JointAngles_deg[1]);
CA_Printf("\n passif1 test= %f\n passif2 test= %f\n",Q_passif[0],Q_passif[1]);


//---- Deplacement -----//
CA_Printf("\n ----------- \n Déplacement de 10 cm sur Y \n ----------- \n");
position_desire[0]=HOME_X;
position_desire[1]=HOME_Y+0.1;
```

```
MGI_5barres(position_desire,JointAngles_deg,Q_passif);

CA_Printf("\n q1 desirée= %f\n q2 désirée=
%f\n",JointAngles_deg[0],JointAngles_deg[1]);

CA_MoveCoordAbs(JointAngles_deg[0], JointAngles_deg[1], IGNORE_AXIS,
IGNORE_AXIS, IGNORE_AXIS, IGNORE_AXIS, IGNORE_AXIS,
IGNORE_AXIS, &coordMoveID);
CA_WaitEndMotion(coordMoveID, NO_TIMEOUT);

CA_ReadMotorPos(1,&position_moteur1);
CA_ReadMotorPos(2,&position_moteur2);

CA_Printf("\n q1 finale= %f\n q2 finale=
%f\n",position_moteur1,position_moteur2);

//---- Retour pose initiale -----//
CA_Printf("\n ----------- \n Retour position initiale \n ----------- \n");
position_desire[0]=HOME_X;
position_desire[1]=HOME_Y;

MGI_5barres(position_desire,JointAngles_deg,Q_passif);

CA_Printf("\n q1 desirée= %f\n q2 désirée=
%f\n",JointAngles_deg[0],JointAngles_deg[1]);

CA_MoveCoordAbs(JointAngles_deg[0], JointAngles_deg[1], IGNORE_AXIS,
IGNORE_AXIS, IGNORE_AXIS, IGNORE_AXIS, IGNORE_AXIS,
IGNORE_AXIS, &coordMoveID);
CA_WaitEndMotion(coordMoveID, NO_TIMEOUT);

CA_ReadMotorPos(1,&position_moteur1);
CA_ReadMotorPos(2,&position_moteur2);

CA_Printf("\n q1 finale= %f\n q2 finale=
%f\n",position_moteur1,position_moteur2);


// ---- Fin de mise sous puissance du moteur -----//
CA_MotorPower(1,LOW);
CA_MotorPower(2,LOW);

CA_BusPower(LOW);
```

CA_Printf("\n Puissance LOW");

CA_CatchPrint();

}

MGI_5barres.h

//Inverse Kinematics 5barres
#include "cde.h"

Int32 MGI_5barres(double *Xpose, double *JointAngles_deg, double *Q_passif);

SOPRODI

16 rue Fernand Forest 63540 ROMAGNAT
Tél général 04 73 26 48 66 Fax 04 73 26 90 41
soprodi@soprodifrance.com   www.soprodifrance.com

Livraison à :

IFMA
27 RUE ROCHE GENES BP 265
63175 AUBIERE CEDEX
France

Société	N° Document	N° Compte tiers	Doc	Date	Rep
200	OD712990	100528	S	27/04/2012	01

TEL		
Référence		

OFFRE de PRIX

IFMA
27 RUE ROCHE GENES BP 265
63175 AUBIERE CEDEX
France

Tél 04 73 28 80 00	TVA FR43196300818
Fax 04 73 28 81 00	Siret

Mode d'expédition	Port	Emball
A DISPO		Offert

Page   1

Affaire suivie par PATRICK LAROYE Tél 0473264898   A l'attention de M

	Qte	Libellé	Longueur	Largeur	Epais	Poids total	Prix	Un	Montant	Débit
	2,00	AT C60603030 TUBE CARREE 6060 30X30X2 Soit 2 piece(s) Etat T6	164	0	2,00	0	4,000	P	8,00	27/04/12
	2,00	AT C60603030 TUBE CARREE 6060 30X30X2 Soit 2 piece(s) Etat T6	141	0	2,00	0	4,000	P	8,00	27/04/12

| Poids Net | | | | | 0,36 | | | | | |

Montant HT	EUR	20.75
Frais fixes : 4.75 TVA 19.6	EUR	4.07
Base soumise à TVA		
1 20.75 TOTAL	EUR	24,82

Nous vous rappelons que tout achat à la société implique de plein droit l'acceptation de nos conditions générales de vente qui vous ont été notifiées, lesquelles prévoient notamment les conditions de paiement, la réserve de propriété jusqu'à complet paiement, du prix de vente et l'attribution de compétence au tribunal de commerce de Clermont-ferrand pour connaître de tout litige résultant du contrat de vente. Nos conditions générales de vente sont également disponibles sur simple demande. Prix pour l'ensemble de la commande. Merci de rappeler notre numéro de document

**Prix pour l'ensemble de la commande.
Merci de rappeler notre numéro de document**

REGL : Chèque à 30 jours Fin de Mois le 10

SARL au capital de 150 000 €
SIRET : 310 839 063 00024 - CODE APE : 4672 Z
BNP PARIBAS 30004 00087 00188953290 05
ID.TVA CEE FR 38310839063

NORCAN

Bâtis et constructions
Postes de travail
Unités bateaux
Convoyeurs

45, rue des Avasiers - BP 128
F - 67500 HAGUENAU cedex
Tél. + 33 (0)3 88 93 28 28
Fax + 33 (0)3 88 93 28 79
E-mail: info@norcan.fr
www.norcan.fr

Haguenau, le 3.05.2012   Page : 1

D E V I S   N° 06409

I R M A
MME FANNY KIEFFER
CAMPUS DES CEZEAUX
63175 AUBIERE

Madame,

Nous vous remercions pour votre demande de prix de ce jour et vous
proposons en retour l'ensemble de votre matériel pour un prix global

de HT :   207,77 EUR   SOIT TTC :   248,49 EUR

Nos prix s'entendent, départ usine, emballage en sus, votre remise de
30 % appliquée. (Mini de commande : 50.00 EUR NET HT)

Délai : matériel dispo

Paiement : vb à 30 j FDM

Restant à votre entière disposition pour tout renseignement
complémentaire et vous remerciant par avance des suites que vous
réserverez à notre proposition, nous vous présentons, Madame,
nos salutations distinguées.

Christelle SCHERINGS

NORCAN

Rôles et subbornations
Postes de travail
Unités linéaires
Convoyeurs

45, rue des Pionniers - BP 128
F - 67503 HAGUENAU cedex
Tél. + 33 (0)3 88 63 28 28
Fax + 33 (0)3 88 63 58 78
E-mail: info@norcan.fr
www.norcan.fr

D E V I S   N° DE0028

I F M A
MME FANNY KIEFFER
CAMPUS DES CEZEAUX
63175 AUBIERE

Code	Désignation	Long.	Quantité	PU ht X	PU Net * EUR	Montant EUR
N0167	Profile Alu.90x90 Anod.Nat. Léger	700	3	65,25 30	45,69 M	63,95
N0167	Profile Alu.90x90 Anod.Nat. Léger	500	2	65,25 30	45,68 M	45,68
N0167	Profile Alu.90x90 Anod.Nat. Léger	191	1	65,25 30	45,69 M	8,72
N4215	Coupe à 90° section jusqu'à 100 x 100		5	4,00 30	2,80 1	14,00
M1108	Equerre moulée 97 x 97 largeur 85 mm		6	17,95 30	12,57 1	75,42

	Total ht......	207,77
	TVA 19,60 % ..	40,72
	Total ttc.....	248,49

BRAMMER

10 RUE GEORGES BESSE

ZI DU BREZET EST

63017 CLERMONT-FERRAND CEDEX 2

Tél : 04.73.98.82.82

Fax : 04.73.98.82.80

www.brammer.biz

OFFRE DE PRIX N° : 12531219

Page 1/1

Votre Référence :

Destinataire
IFMA
CAMPUS DES CEZEAUX
BP 265
63175 AUBIERE CEDEX

DATE/DATUM	DE/FROM/VON	A L'ATT DE/ATT/Z. HD
02/05/2012	XAVIER ANGLADE	MME.KIEFFER

Lg.	Référence produit	Mng	Quantité	Prix net en Euro	Unité	Détai
1	ROULEMENT 7P01xxxxD	REF	6,000	29,98	LA PIECE	1 semaine sauf vte
2	ROULEMENT 6260	REF	2,000	2,59	LA PIECE	Dispo Aq sauf vte
3	RONDU EM0	REF	3,000	2,45	LA PIECE	Dispo EM sauf vte
	ATTENTION LA REF NE CORRESPOND A LA					
	CLEF PAS A L ECROU					
	+ PORT DEPART MAGASIN					
	TOTAL HT			192,61		
	CONDITIONS DE REGLEMENT :					
	VIREMENT A 30 JOURS FIN DE MOIS LE 10					

Nous vous souhaitons bonne réception de cette offre et restons à votre entière disposition

Validité de l'offre : 15 JOURS

BIBLIOGRAPHIE

Modèle géométrique inverse :

Development of a Five-Bar Parallel Robot with Large Workspace, Lucas Campos, Francis Bourbonnais, Ilian A. Bonev, and Pascal Bigras, École de technologie supérieure (ÉTS), Montreal, QC, Canada

Kinematics, Singularity and Workspace of Planar 5r Symmetrical Parallel Mechanisms, Xin-Jun Liu, Jinsong Wang, G.Pritschow

Etude Mécanique, Conception et Fabrication d'une Plateforme Robotique Modulaire, Emmanuel Legrand (PFE 2009)

Mechanism and Machine Theory

Cours robotique de M. GOGU